左:昭和59(1984)年11月18日　荷2634列車
　　EF58 89〔宇〕＋北スミ ワサフ8000(荷貨共用車)・マニ44　山手線 恵比寿
右:昭和60(1985)年1月12日　荷1031列車
　　EF58 154〔宇〕＋荷物車・郵便車　東北本線 大宮

EF 58
国鉄最末期のモノクロ風景

左：昭和60(1985)年3月5日　回9112列車
　　EF58 160〔東〕＋南シナ マニ36・北オク マニ36　伊東線 宇佐美
右：昭和60(1985)年3月9日　924列車
　　EF58 139〔竜〕＋天リウ マニ50＋12系　阪和線 天王寺

所澤秀樹
著

創元社

目 次

緒言　EF58の生涯 概観　003

　「欠陥機関車」　004
　占領時代の終結と新車体のEF58誕生　005
　東海道の主役の座を射止める　006
　全盛時代に突入したEF58　007
　地味ながらも忘れられない「北のゴハチ」　008
　東海道・山陽本線における特急牽引への返り咲き　010
　「EF58の時代」の終焉　015

本編　国鉄最末期のモノクロ風景　021

　解説　昭和60年3月改正後のEF58の動向　052
　解説　昭和61年3月改正後のEF58の動向　154
　解説　昭和61年11月改正後のEF58の動向　178

　コラム①　「私鉄を走るEF58の醍醐味」　036
　コラム②　「EF58 P形の見分け方」　060
　コラム③　「個性あるEF58の額」　124

　余録　その後のEF58〜JR時代の動向　188

上：昭和59(1984)年1月29日　荷2030列車　EF58 163〔浜〕＋荷物車・郵便車　東海道本線 京都
中：昭和58(1983)年12月29日　荷2031列車　EF58 126〔宮〕＋荷物車・郵便車　山陽本線 広島
下：昭和53(1978)年1月1日　駅構内入換運転　EF58 9〔広〕　山陽本線 下関

緒言
EF58の生涯 概観

昭和の戦後に172両もの仲間が、東海道・山陽本線に上越線、そして東北本線直流区間といった大幹線で名だたる特急・急行列車を牽き、颯爽とかけぬけていった旅客用直流電気機関車EF58。
見方によれば、わが国の高度経済成長をささえた、まさに時代の寵児的存在だった。
まずは、その生涯を概観してみよう。

昭和52(1977)年7月21日　3001列車：特急「北陸」　EF58 107〔長岡〕＋北オク20系　東北本線 上野

EF58は、旧型旅客用電機の特徴ともいえる、先台車を持つ棒台枠の走り装置、すなわち、2軸の先従輪（2従軸）と3軸の動輪（3動軸）で構成される台車を、背中合わせに2組つなぎ合わせた「2C＋C2」の軸配置を採用した最後の形式であった。

　EF58などの旧型電気機関車は、ED60やEF60以降の新性能電気機関車とは違い、牽引力は台車を通じて後ろの客車や貨車に伝えられる。つまり、車体は台車の上に、ただ載っかっているだけなのが大きな特徴である。EF58の場合、2Cの台車が動軸側（C側）で連結され、その組台車の両端に連結器が備わる。

　全盛期には172両もの仲間が直流電化区間を東奔西走し、わが国の高度経済成長をささえてきたわけだが、今は61号機（お召機）1両のみが車籍を有する。書類上はJR東日本・田端運転所配置であるが本線上での運転は叶わず、東京総合車両センターの本所（西エリア、旧・大井工場）の庫内で大切に保管されている（経年劣化による金属疲労から台車枠に亀裂が生じ、もはや客車を牽引しての運転は不可能とのこと。EF58はその台車構造により、台車枠に亀裂が生じると致命傷となる）。

　車籍のない保存機としては、群馬県安中市の「碓氷峠鉄道文化むら」に172号機（1度だけ日光線でお召列車を牽引した経歴を持つ）、埼玉県さいたま市（大宮）の「鉄道博物館」に89号機、愛知県名古屋市の「リニア・鉄道館」に157号機、京都府京都市の「京都鉄道博物館」に150号機が、それぞれ現存する。

　要するに、もはや過去の機関車なのである。

　けれども、昭和60（1985）年ごろまでには全機が引退するはずだったのが、平成の御代にまで一部が残り、現役で走り続けたことは記憶に新しい。EF58人気の高さに、国鉄関係者が心を動かされ、残存機の動態保存を決定、これを継承したJR東日本、JR東海、JR西日本の各社も、先人の意志を受け継いだ。

　それにしても、どうしてEF58は、そこまでされるほど人気が高かったのだろうか。

①蒸気機関車の流れをくむ旧型電気機関車の足まわりに、ヨーロッパ調の瀟洒な流線型車体をのせた、他の国鉄電機には見られない特異なスタイル。

②昭和21（1946）年の登場以来、約40年にわたって日本を代表する大幹線の東海道・山陽本線を主だった活躍舞台とし、数多くの特急・急行列車の先頭に立ったという輝かしい実績。

③12年間という長きにわたり製造されたため、形態的にいくつかのバリエーションが生じ、さらには、最後の最後まで第一線での活躍を強いられたことから数々の改造も施され、結果、1両1両に強烈な個性が生まれた。

④お召列車専用機が存在した。

といった事柄が、人気の主因ではなかろうか。

　なるほど、これらを知れば、ただならぬ電気機関車であることが察せられる。

　今、タイムマシンのスイッチを昭和21年に設定した。むろん、この機関車の産声を聞くために、である。

「欠陥機関車」

　敗戦直後のわが国の惨めさには、目を覆いたくもなる。物不足、食糧不足は戦中以上に深刻の度を増し、人々は農村への買い出しやヤミ買いに奔走した。駅はこれらの人々でごった返していた。「解放国民」の袋叩きにあう惨めな日本人の姿もガード下に見える。

　戦前、戦中に渡来の大陸出身外国人炭鉱労働者の送還によって生じた石炭不足も深刻であった。蒸気機関車が主力の国有鉄道は、列車の削減を余儀なくされる。押し寄せる人、人、人。日ごとに減っていく列車本数。各列車ともに鈴なりとなった乗客であふれかえってい

旧車体のEF58（鉄道博物館蔵）

た。屋根の上にまでたくさんの人の姿を見てとれる。

　車両の荒廃もまた凄まじい。客車の窓にはガラスもなく、代わりにベニア板がはめ込まれていたり、あるいは、それすらも無かったりしている。戦争中にグラマンF6Fの機銃掃射をくらったのだろうか、屋根が穴だらけの客車まである。そんな無様な日本人用列車を駅で待たせ、無傷の1等2等車を連ねた連合国軍専用列車が颯爽と先を急ぐ。

　大東亜戦争の傷が癒えぬ昭和21（1946）年10月30日、EF58の1番手が産声をあげた。川崎車輛・川崎重工業製造の21号機である。ただ、その外観は、今お馴染みのあの流線型のスマートな車体ではなかった。先端にデッキを擁する、EF56、EF57の流れをくんだ武骨なスタイルであった。

　EF58は、戦後復興、輸送力増強の一環として打ち出した国有鉄道の車両整備五カ年計画・電化五カ年計画を受けて製造された、戦後初の旅客用電気機関車であった。しかし、資材不足による代用部品の多用などから、初期製造機は戦時設計と同程度の出来映えとなってしまった。それは、規定以上の大電流が流れた場

合、自動かつ瞬時に主回路を遮断する高速度遮断器すら備えていないお粗末ぶりであった。

車体の外板も溶接時の歪みによりベコベコである。そんな状態だから、雨の日などには漏電による乗務員の感電事故まで起こり、たちまち「欠陥機関車」のレッテルが貼られる。そのため新製配置先の沼津機関区では、機関士らの乗務拒否運動まで起こる始末であった。労働運動が日毎に活発化していった時代である。

粗製と代用部品の多用で、持てる力を十分に発揮できないでいたEF58一党だが、機関区検修担当者やメーカー技術者の弛まぬ努力の結果、徐々にではあるが性能が安定していく。昭和23（1948）年には、高速度遮断器の取り付けや、代用部品の標準部品への交換などを柱とする第一次改装工事もはじまった。

デビュー時は、あまりにも冴えなかったEF58であるが、戦前にはほとんど使われてこなかったコロ軸受を全軸に採用するなどの見所もあった。これは、後の東海道・山陽本線におけるロングラン仕業（運用）を可能とする決め手ともなった。

EF58の最初の製造グループは、東京機関区、沼津機関区に配置され、東海道本線の東京～沼津間で普通列車などを牽いた。昭和23年には、全線電化を終えた上越線でも運用（仕業に充当）するため、長岡第二機関区、高崎第二機関区にも新製車を配置、東海道本線からも一部を応援にかけつけた。EF58といえば、東海道・山陽本線といった印象が強いが、上越線との縁も意外と古い。が、しかし、昭和24（1949）年5月の東海道本線浜松電化では、上越線運用機のすべてが東海道本線に移動、東京～浜松間の運用を東京機関区、沼津機関区、浜松機関区で分担した。

ちなみに、この年の6月1日には、国有鉄道の運営を担ってきた鉄道総局の事業（現業）部門が運輸省より分離独立、新たに公社制の公共企業体「日本国有鉄道」（国鉄）が発足する。

それはさておき、当時のわが国は尋常ならざるインフレに見舞われていた。そこで、占領統治を行うGHQ（連合国軍総司令部）が前年に示した「経済安定9原則」の実施手段、財政金融引き締め政策「ドッジ・ライン」が昭和24年初頭に発動される。重要諸投資の抑制がその柱だが、国鉄に対しても電化工事の中止、旅客用機関車の製造中止などを言い渡す。もちろん、EF58も例外ではなかった。

結果、同機の増備は、昭和23年までに落成の31両（1号機から31号機まで）をもって打ち止め。

なお、メーカーの見込み生産により、ほぼ完成状態にあった32号機、33号機、34号機の3両は（このグループから機械室側窓の数が従来の5個から7個に設計変更されていた）、歯車比の変更などを行い、貨物用の新形式EF18の32号機、33号機、34号機として落成する。機番を1号機、2号機、3号機としなかったのは、いずれEF58に戻す意図があったことによる苦肉の策と語り継がれている（結局、EF18として世に生まれた3両は、EF58に戻ることなく一生を終える）。

占領時代の終結と新車体のEF58誕生

昭和26（1951）年9月8日の「対日講和条約」締結に伴ってドッジ・ラインが解消されると、EF58も製造を再開、翌昭和27（1952）年3月から4月にかけて4年ぶりの新製車が落成した。高崎線電化開業用の35号機、36号機、37号機、38号機、39号機である（高崎線の電化開業では、東海道本線からも一部のEF58が転属する）。

このグループから車体の形状が変わり、デッキを廃して車体が前後方向に延長された。今、お馴染みの流線型車体の新EF58の誕生である。なお、新たに落成

した5両のうちの2両、35号機と36号機は機械室の側窓が多い変形機である（流線型の新車体では通常5個のところ7個もあり、EF18と同じ窓数）。これは、メーカーにストックの2両分の旧車体に、流線型の運転室部分を無理矢理継ぎ足した結果といわれている。

このモデルチェンジの理由は、客車暖房用蒸気発生装置（SG1型、後にSG1A型に変更）の搭載にあった。旧車体では、蒸気発生装置とその付属品の水タンク・燃料タンクの装備がスペース的に困難だったのである。

客車暖房用重油炊きボイラーを搭載する先輩の旅客列車用電気機関車EF57と、この新EF58の燃料（重油）積載量を比較すると、前者が550ℓなのに対し後者は1000ℓ、水タンク容量も同様に4.5㎥から6㎥に増量されている。来たるべきロングラン運用（東海道本線全線電化を想定）に備えたものであり、こういった装備の大型化であれば、それは車体も伸びるであろう。

ここで、客車の暖房について補足する。冷暖房用などのサービス電源を自前で持つ（ディーゼル発電機搭載の）20系固定編成客車や12系、14系、24系といった新系列客車に対し、それ以前の旧型客車（荷物車、郵便車や10系軽量客車を含む。国鉄末期に製造の50系客車も同様）の暖房は、基本的には、牽引機関車から供給の高圧蒸気を車内の放熱管に通すことで行っていた。

明治以来の蒸気機関車牽引を前提とした伝統的な方式だが、電気機関車、ディーゼル機関車の牽引ともなれば、石炭炊きボイラー搭載の暖房車を冬期に連結するか、機関車自体に重油炊きボイラーまたは蒸気発生装置を搭載する必要が出てくるという次第。

さて、昭和27年の8月から11月にかけては、高崎・上越線用の増備機40～47号機も落成する。以上の新EF58は、新製直後に配属先の高崎第二機関区、長岡第二機関区で、「つらら切り」や「汽笛カバー」の取り付けが現物合わせにて行われた。かかる改造は、

寒冷地かつ豪雪地帯の上越線における冬期の運行に備えた措置であった。運転室前面窓の上に庇のように取り付けられた「つらら切り」は、トンネル内に垂れ下がった氷柱が前面窓ガラスに衝突し破損するのを防ぐ装備である。

　翌昭和28（1953）年には名古屋電化開業用の48〜68号機が落成、東海道本線の各機関区に配属された。このグループには、2両の特別機が存在した。お召列車牽引用の61号機と60号機である。

　前任のEF53（16号機、18号機）とは違い、発注段階からお召指定がなされ、製造メーカーの日立製作所（61号機担当）と東京芝浦電気（60号機担当）は、当局指示の特殊装備追加（ステンレス製飾り帯の車体側面全長にわたる取り付けや、足まわりの磨き上げなど）以外にも部品を自主的に厳選、丹念なる仕上げを行った。製造予算は他のEF58より130万円も高い6300万円だが、実際にはさらに200万円ぐらいオーバーしたという。

　完成後の配置は、61号機が東京機関区で60号機は浜松機関区。当初は、下りお召列車を61号機が、上りを60号機が牽くという分担だったが、60号機の方

特別急行「はと」を牽くEF58 54〔東〕（鉄道博物館蔵）

は境遇に恵まれず、お召列車牽引は10回程度に留まり、昭和37（1962）年10月26日の名古屋〜原宿間運転が最後のお召仕業であった。60号機はお召予備機となるも、昭和42（1967）年5月に踏切事故に遭遇して2エンド側左台枠を損傷、修理されたが、お召指定は解除となった。

東海道の主役の座を射止める

　EF58が東海道本線の主役と化すのは、稲沢電化に伴う昭和28（1953）年11月11日の時刻改正時である。この改正では、特別急行「つばめ」「はと」の牽引（東京〜名古屋間）はもちろんのこと、急行列車も多くがEF58の担当となった（図表①）。同機の台頭から、戦前生まれの省型機EF53、EF56、EF57は、普通列車や臨時列車の牽引が主体となる。

　東海道本線の電化は、昭和30（1955）年7月に米原まで達し、EF58の増備も続く。一方、旧車体のEF58（1〜31号機）にもSGを搭載する運びとなり、昭和28年から5年がかりで流線型の新車体に載せ替えを含む大改装（第二次改装工事）が行われた（旧車体は戦時型の貨物機EF13に譲られた）。

　一方、昭和29（1954）年落成の71号機から前面窓の上下幅が設計変更

により縮小され小窓となる（上辺の位置はそのままで下辺が上昇。なお、従来サイズは大窓と呼ばれる）。ちなみに、1〜31号機は大窓と小窓が混在するが、これは設計変更の過渡期に改装工事が成されたため（車体載せ替えの改装機は、7、10、11、12、16、18、19、20、22、25、28、29、31の各機が大窓で、それ以外は小窓）。

　昭和31（1956）年11月、米原〜京都間が電化開業を果たし、東海道本線は待望の全線電化を成し遂げる。もちろんEF58も大量に新製増備され、それとは別に、EF57と交換のかたちで高崎第二機関区、長岡第二機関区のEF58も全機が東海道本線に集結した。これは容量の小さいEF57の暖房用重油炊きボイラーでは、東京〜大阪間をロングラン運転するのに難あるゆえの措置であった。今回の配置換えにより、一時的だが、

図表①　昭和28年11月11日時刻改正時点の東海道本線・東京〜名古屋間における特急・急行列車牽引機

（下り）	東京〜浜松〜名古屋	（上り）	名古屋〜浜松〜東京
1レ 特急「つばめ」	EF58（東京）	2レ 特急「つばめ」	EF58（東京）
3レ 特急「はと」	EF58（浜松）	4レ 特急「はと」	EF58（浜松）
11レ 急行「明星」	EF58（東京）	12レ 急行「明星」	EF58（浜松）／EF58（東京）
13レ 急行「銀河」	EF58（東京）	14レ 急行「銀河」	EF58（東京）
15レ 急行「彗星」	EF56（浜松）	16レ 急行「彗星」	EF56（浜松）／EF58（東京）
17レ 急行「月光」	EF57（沼津）	18レ 急行「月光」	EF56（浜松）
21レ 急行「安芸」	EF58（東京）	22レ 急行「安芸」	EF58（浜松）
23レ 急行「せと・いずも」	EF58（東京）	24レ 急行「せと・いずも」	EF53（東京）
31レ 急行「阿蘇・たかちほ」	EF58（浜松）／EF58（浜松）	32レ 急行「阿蘇・たかちほ」	EF58（東京）
33レ 急行「げんかい」	EF58（東京）	34レ 急行「げんかい」	EF58（東京）
35レ 急行「きりしま」	EF58（東京）	36レ 急行「きりしま」	EF58（東京）
37レ 急行「雲仙」	EF56（浜松）	38レ 急行「雲仙」	EF58（東京）
39レ 急行「筑紫」	EF57（沼津）／EF58（浜松）	40レ 急行「筑紫」	EF58（東京）
201レ 急行「大和」	EF58（東京）	202レ 急行「大和」	EF58（東京）
2203レ 急行「伊勢」	EF58（東京）	2204レ 急行「伊勢」	EF58（東京）
1001レ（特殊列車）※	EF58（東京）／EF58（浜松）	1002レ（特殊列車）※	EF56（浜松）／EF56（浜松）
1005レ（特殊列車）※	EF58（東京）／EF58（浜松）	1006レ（特殊列車）※	EF58（浜松）／EF58（東京）
41レ（荷物専用列車）	EF53（東京）	42レ（荷物専用列車）	EF53（東京）
43レ（荷物専用列車）	EF56（浜松）	44レ（荷物専用列車）	EF58（浜松）／EF58（東京）

※「1レ」は列車番号を示す。※形式の後のカッコ内は所属機関区を示す。※特殊列車＝元連合国軍専用列車

青大将塗色のEF58が牽く特別急行「はと」（鉄道博物館蔵）

EF58は上越線から姿を消す。そして、東海道・山陽本線において晩年まで「つらら切り」付のEF58が見られたのは、この時の配置転換が原因であった。

東海道本線に集結のEF58一族の花形運用といえば、東京機関区（東京鉄道管理局所管）と宮原機関区（大阪鉄道管理局所管）が分担した特別急行「つばめ」「はと」の牽引であろう。全線電化完成を機に淡緑色に塗り替えられた「つばめ」「はと」用客車にあわせ、両区のEF58にも「淡緑5号」に「黄1号」のストライプを纏（まと）った専用機が用意された。「青大将」とも呼ばれるこの塗色を纏ったEF58は最終的に25両にも達した（図表②）。なお、当時のEF58の標準色は「ぶどう色2号」である。

「つばめ」「はと」ともに下りは東京機関区、上りは宮原機関区の担当で、それぞれ復路は急行列車や普通列車などを牽いて自区に戻る運用が組まれた。お察しのとおり、所属機関区にて万全なる整備を終えた機関車が、即座に特別急行列車を牽引する段取りであった。

図表② 「青大将」塗色となったEF58

37	38	41	44	45	46	47	49	52	55	57	58	59
63	64	66	68	70	86	89	90	95	99	100	140	

全盛時代に突入したEF58

昭和32（1957）年に入っても、EF58は相変わらず仲間を増やし、高崎第二機関区にも再び新製機が配置される。「上越ゴハチ」の復活である。

昭和33（1958）年4月には、山陽本線姫路電化開業および東北本線宇都宮電化開業を迎え、EF58の活躍舞台もますます広がっていく。この時点で、高崎第二機関区のEF58は宇都宮機関区に転属する。が、それも束の間、同年の夏には高崎第二機関区にEF58の最終増備車が新製配置される。メンバーは7月25日落成の174号機（東洋電機製造・汽車製造〔汽車会社〕製）、8月28日落成の175号機（三菱電機・新三菱重工業製）、8月29日落成の173号機（東京芝浦電気製）である。EF58はこの3両で打ち止めとなる。

173号機と174号機は、EF58の完成形態ともいえる前面窓と機械室中央側窓のガラスが黒色Hゴムの支持式となっていた（従来は大窓、小窓問わずパテ支持式）。そして、ひとつ前のロットでも、156、164、165、166、169、170、171、172の各機が黒色Hゴム支持式で落成している。結果、EF58はメーカー出荷段階で見ても、3タイプの顔が存在したことになる（昭和40年代から50年代前半にかけ、パテ支持式の大窓、小窓機に対し前面窓のHゴム支持化改造が強行される。大宮工場と広島工場改造機は黒Hゴムを使用したのに対し、鷹取工場改造機は白Hゴムだったため〔双方に若干の例外あり〕、EF58の顔立ちはさらなるパターン豊富化が進む。黒Hゴムで落成した170号機、171号機、172号機も、のちの鷹取工場検査入場で白Hゴムに改められる）。

EF58のラストナンバーは175号機だが、EF18に絡んで32、33、34が欠番ゆえ、一族の総数は172両。これで全機が出揃った。ちなみに、EF58の製造に関わったメーカーは、日立製作所、東京芝浦電気（初期車は東芝車輛）、三菱電機・新三菱重工業（初期車は三菱電機・三菱重工業）、川崎車輛・川崎重工業、東洋電機製造・汽車製造（汽車会社）、日本車輌・富士電機製造の各社であった。

さて、総勢172両の参戦叶ったこの段階でのEF58の塒（ねぐら）は、宇都宮機関区、高崎第二機関区、東京機関区、沼津機関区、浜松機関区、米原機関区、宮原機関区の7区で、仕事はむろん、東海道本線と山陽本線姫路以東、高崎線、上越線、宇都宮以南の東北本線における旅客列車全般の牽引である。なお、東北本線の電化は、翌昭和34（1959）年には黒磯まで達する。以北は交流電化で進むため、同本線でのEF58の活躍舞台はここまでとなる。

昭和35（1960）年6月1日、特急「つばめ」「はと」が151系電車化される。結果、EF58一族きっての花形運用も消滅した。青大将塗色のEF58も徐々に標準色の「ぶどう色2号」へと戻っていく。

ところが、である。同年7月実施の九州特急「はやぶさ」（東京〜西鹿児島間列車）の20系固定編成客車（ブルートレイン）化では、ディーゼル発電機と電動発電機の双方を持つ新登場のカニ22形電源車（20系客車における冷暖房などのサービス電源供給元）を牽引機のEF58から遠隔制御する計画が立てられ、その対象機は「カニ22電源車制御装置」の取り付けとともに、新たなる専用塗色を施すことになった。20系客車に合わせた「青15号」に「クリーム色1号」のストライプ（塗り分け方は青大将塗色に準ずる）という出で立ちで、九州特急の「あさかぜ」「さくら」「はやぶさ」の先頭に立つEF58は、まさに「ゴハチ全盛時代」を象徴する光景であった。俗に言う"ブルートレイン塗色"を纏ったEF58は計20両（8頁の図表③）、後期型が中心をなしていた。なお、「カニ22電源車制御装置」は実際には使われなかったようである。

図表③ 「ブルートレイン」塗色となったEF58

92	97	101	114	115	116	117	119	122	123
124	128	138	139	142	143	144	148	149	154

昭和35年から翌36年ごろは、宇都宮機関区と高崎第二機関区、長岡第二機関区との間で機関車の機種交換も行われている。宇都宮機関区のEF58は大多数が上越線用として高崎第二機関区、長岡第二機関区へ転属。代わって、それまで上越線の主だった高崎第二機関区と長岡第二機関区のEF57が全機、宇都宮機関区へ集結した（その少し前には、東海道本線で活躍した沼津機関区、浜松機関区のEF56も宇都宮機関区へ転属する）。一連の移動は、昭和37（1962）年に予定されていた信越本線新潟電化をにらんでのもの。上野〜新潟間（上越線経由）のロングラン運転にも、やはりEF58のSGが必要だったのである。

一方、山陽本線の電化区間も徐々に延伸され、昭和37年には広島に到達する。この時点でのEF58の配置先は、長岡第二機関区、高崎第二機関区、宇都宮機関区、東京機関区、浜松機関区、米原機関区、宮原機関区、広島運転所で、各区とも優等列車の牽引仕業が組まれていた（当時の山陽本線におけるEF58の基地は広島運転所だが、後に広島機関区へ移籍する）。昭和37年10月1日改正時点でのEF58の特急仕業は、東京〜広島間において、「さくら」（東京〜長崎間列車、下り東京機関区、上り宮原機関区）、「あさかぜ」（東京〜博多間列車、下り上りともに宮原機関区）、「はやぶさ」（東京〜西鹿児島間列車、下り上りともに東京機関区）、「みずほ」（東京〜熊本間不定期列車、下り上りともに東京機関区）といった列車を担当した。

だが、昭和38（1963）年12月には、これら九州特急の牽引をEF60（500番台）に譲り、EF58の特急仕業は一時的に消滅する。昭和37年ごろがEF58一族にと

っては、最も華々しい時代だったと言えそうである。

地味ながらも忘れられない「北のゴハチ」

東海道新幹線が開業した昭和39（1964）年、山陽本線も全線電化を果たし、EF58の配置先に下関運転所が加わった。東京〜下関間1100kmにおよぶロングラン運転のはじまりである。ただ、特急仕業は存在せず、東海道・山陽本線では、かつてのような華々しさは感じられなかった。

かたや東北本線においては、EF58の新たなる特急仕業が誕生した。「はくつる」（20系使用の上野〜青森間列車）の上野〜黒磯間牽引である。まさに七転び八起きで、特急「はくつる」の仕業は、当初、東京機関区の担当だったが、翌昭和40（1965）年には宇都宮運転所（旧・宇都宮機関区）に移管となる。

このころ、60番台の新性能直流電気機関車の車体塗色変更が決まり（従来は旧型電気機関車と同じ「ぶどう色2号」で、EF63までその塗色で新製）、「青15号」に前面下部が「クリーム色1号」の新標準塗色が制定された。EF58は旧型機ながら、新型機風のデッキ無し車体を持ち、かつ高速運転を行うことから、新標準塗色化の対象となった。よって、お召機の60号機と61号機、加えて東京機関区がお召予備機に指定した73号機を除き、「ぶどう色2号」および"ブルートレイン塗色"から新塗色へと塗り替えられていく（73号機は、のちに東京機関区から宇都宮運転所に転属して新塗色となる）。

昭和44（1969）年の信越本線直江津〜宮内間電化完成により、EF58も同区間に顔を見せる。白波が岩を砕く荒々しい冬の日本海を背に米山三里の難所を行く「北のゴハチ」には、温暖な太平洋側では窺えない厳しい表情があった。

ここで言う「北のゴハチ」とは、宇都宮運転所、高崎第二機関区、長岡運転所（旧・長岡第二機関区）配置のEF58の俗称。要は、上野駅に出入りする連中である。

この「北のゴハチ」の最大の特徴は、晩年、SGを撤去して客車暖房用にサイリスタを用いたインバータ電気暖房装置（SC7型）EG（客車に暖房用単相交流1500Vを供給する装置）を搭載したことであろう。EF58のEG化は、宇都宮運転所配置車が草分けで、昭和45（1970）年に改造がはじまり、やがて高崎第二機関区、長岡運転所配置車にも広がって、昭和53年度までに必要両数が改造を終えた。最終的には、52両ものEF58がEG化の「手術」を受けている（図表④）。

図表④ EG化改造を受けたEF58

35	50	51	58	59	70	71	72	73	84	85	86	87
89	90	102	103	104	105	106	107	108	109	110	114	116
117	119	120	121	122	123	130	131	132	133	134	135	136
137	141	144	145	151	152	153	154	168	172	173	174	175

余談ではあるが、この場で客車の電気暖房について少々説明を加える。旧型客車は蒸気暖房が基本ということはすでにご案内済みだが、北海道と九州を除く交流電化区間で運用される客車は、昭和30年代以降、電気暖房を併用するようになった（客室内に電気ヒーターを設置）。これは、交流電気機関車に搭載の変圧器（架線より供給の単相交流2万Vをコンバーター〔整流器〕にて直流に変換する前段階で、低圧に降圧させる装置）から暖房電源となる単相交流1500Vを容易に取り出せるからであった（機関車供給の単相交流を用いる電気暖房装置搭載の客車は2000番台の車番となる。なお、これとは別に、戦前の東海道本線電化区間では、直流電気機関車供給の直流1500Vで電気暖房を行う客車が運用されていた）。

そして、交流電化区間との間で直通運転が常態化した直流電化区間の東北本線上野〜黒磯間や高崎線、上越線、信越本線で運用する直流電気機関車にも、客車暖房用の電源を搭載する運びとなり、信越本線用EF62は電動発電機（MG）を装備して落成、東北本線用のEF57も改造により重油焚きボイラーを撤去のうえMGを載せた。その後、半導体技術の進歩から、直流機の暖房用電源はインバータ装置（直流1500Vを単相交流1500Vに変換する）EGに代わったという次第（EF64などがインバータ装置搭載で落成）。

なお、客車へ暖房用交流を供給できる電気機関車は、直流機、交流機、交直両用機を問わず、車体側面に「電気暖房車側表示灯」（EG灯）が備わっている。暖房使用期間（おおむね10月から4月末まで）でインバータ運転中は、機関車から客車へ通電中にこれが消灯、通電を行っていないときは点灯し、車両の連結切り放しの際、作業員が容易に確認できるようにしていた（暖房用の単相交流は電力供給用ジャンパ連結器により各車に送電する。通電中に作業員がこれを取り扱うのは大変危険なため、電気暖房車側表示灯が設けられた。通電中は消灯、という設定は万が一の球切れ対策）。

閑話休題、話を戻せば、「北のゴハチ」のうち、主に高崎線、上越線、信越本線（直江津〜新潟間）を縄張りとする高崎第二機関区、長岡運転所の配置車は、寒冷地仕様である。その外観は、東海道・山陽本線配置の暖地育ちのEF58を「文治派」とでも例えれば、「武断派」か「武闘派」といった凄味を擁していた。

屋根上の積雪から汽笛を守る「汽笛カバー」、前面窓ガラスの氷着や曇りを防ぐ「デフロスター」、そして氷柱より前面窓ガラスを保護する「つらら切り」の3点セットが、寒冷地仕様の基本装備となる（デフロスターの取り付けは前面窓のHゴム支持化が伴う）。いずれにせよ、低温かつ世界的にも屈指の豪雪地帯を通る上越線走行には欠くことのできない装備といえよう。既述と重複するが、昭和27（1952）年に高崎第二機関区に新製配置された新車体初期車のEF58グループにも、この「武闘派」装備はデフロスターを除き早々に取り付けられた。

デフロスターは、後に宇都宮運転所配置車へも普及する。同所のEF58は形態的に素ともいえる暖地型が多く、それにEG化改造やデフロスターが取り付けられたので、独特の風情を醸し出していた（"準寒冷地型"とも呼ばれた）。なお、東海道・山陽本線配置車では、88号機と36号機がデフロスターとつらら切りを装備して晩年まで活躍する（前者は昭和59〔1984〕年1月まで、後者は同年3月まで稼働）。

つらら切り装備のEF58の面々は図表⑤（10頁）のとおり。このつらら切りは、配置先の機関区にて現物合わせにより車体に溶接を行った関係上、上向き、水

「電気暖房車側表示灯」装備車の例——昭和52（1977）年7月21日 6401列車：急行「おが2号」 EF58 103〔宇〕＋旧型客車・10系寝台車　東北本線 上野

「つらら切り」「汽笛カバー」「デフロスター」「雪かき器」（固定式）を装備した寒冷地仕様車の例——昭和52（1977）年8月13日 荷4047列車　EF58 72〔長岡〕＋荷物車・郵便車　信越本線 直江津

「デフロスター」装備の準寒冷地型の例——昭和59（1984）年12月29日　回8404列車　EF58 151〔宇〕＋12系　東北本線 蓮田〜東大宮

「左右一体型日除け」装備車の例——昭和53（1978）年1月1日 1002列車：特急「安芸」 EF58 62〔広〕＋広セキ24系25形　山陽本線 広島

原型「雪かき器」装備車の例——昭和58（1983）年9月25日　9001列車　EF58 88〔東〕＋大ミハ14系欧風客車〈サロンカーなにわ〉　東海道本線 有楽町

平、下向きなど車両ごとに取り付け角度がまちまちで、EF58の表情に個体差を生じさせる要因のひとつともなっている。

ところで、昭和50（1975）年以降、広島機関区配置のEF58の一部（図表⑥）が広島工場において、左右一体型のつらら切りらしきものを取り付けられ、当該機は「鉄人28号」みたいな風貌と化したが、その用途は、あくまでも日除けであった（最初に"左右一体型日除け"を取り付けたのは65号機だが、改造直後に広島機関区から宇都宮運転所に転属となり、東北本線で孤軍奮闘、実に目立っていた）。

図表⑤　「つらら切り」を取り付けたEF58

7	29#	35	36	37	38	39	40	41*	42*	43	44*
45*	46*	47	49	50	51	52	58	59	63	66	67
70	71	72	86	87	88	89	90	102	104	105	106
107	110	120	121	130	131	132	133	134	135	136	137
152	153	173	174	175							

＊印は晩年に「つらら切り」を取り外された車両。
#印は冬期における寒冷地での運用経験がなく、配置区（東京機関区）の担当者の遊び心で「水切り」代わりに「つらら切り」を取り付けられた車両。

図表⑥　広島工場型"左右一体型日除け"を取り付けたEF58

8	15	16	17	20	62	65	81

つらら切りと並ぶ上越線走行の必須アイテムが「雪かき器（スノウプロウ）」である。EF58の雪かき器は、元来、角度調節が可能な大型のものだった。が、保守に手がかかるため、常時取り付けを原則とする上越線運用車は、小型で固定式のものへと取り替えられていった。昭和46（1971）年から昭和48（1973）年にかけてのことである（原型「雪かき器」を晩年まで装備したのは東京機関区配置の88号機と124号機で、冬期の北陸方面行列車の米原迂回運転に備えた措置であった。この2両は昭和59〔1984〕年1月まで稼働する）。

以上の重装備を纏い、全身雪まみれで白銀の世界を突き進む上越線のEF58には、えも言われぬ豪胆さが感じられた。

東海道・山陽本線における特急牽引への返り咲き

東海道・山陽本線では昭和38（1963）年以来、特急仕業のなかったEF58だが、昭和47（1972）年には、奇しくもそれが復活する（実は東北本線でも、昭和43〔1968〕年10月に「はくつる」が583系電車化されて、EF58の特急仕業は消滅していた）。

昭和47年3月15日のダイヤ改正時に山陽本線では、増える一方の輸送需要に対応するため、スピードを犠牲にして列車本数を増やすパターンダイヤを導入。結果、関西〜九州間寝台特急の運転最高速度は、それまでの110km/hから「特急貨物列車B」と同じ95km/hとされ、EF58の牽引が可能となる（当時の寝台特急の直流電化区間主力牽引機EF65〔旅客・貨物両用機〕の運転最高速度は110km/hなのに対し、EF58の方は時速100km/h）。当時、貨物列車も増発に次ぐ増発を繰り返していた。このため、関西発着の寝台特急牽引はEF58に任せ、捻出のEF65を貨物列車の増発に回す戦略が立てられ、昭和47年10月2日のダイヤ改正で、めでたくもEF58が特急牽引に返り咲くのであった。

ただ、同改正時の寝台特急の主力客車である20系は、台車の空気バネなどに機関車の「元空気溜め」から空気を送る（編成全体に引き通す）ことが必要な構造となっていた。これは、昭和43年10月1日全国白紙ダイヤ改正で実施された、20系客車運転最高速度の95km/hから110km/hへの引き上げに伴うブレーキシステムの変更（「速度制御付電磁自動空気ブレーキ」〔AREB〕化）により生じたものである。

AREBでは、高速運転時にブレーキシリンダ圧力を高めるため、基本となるブレーキ管に加え、元空気溜め引き通し管（MRP＝MR管）の連結も必要となる。このことで、従来はブレーキ管および客車側に搭載のベビーコンプレッサより供給を行っていた20系の台車空気バ

阪和線では当初、貨物列車も牽引したEF58——昭和50(1975)年8月24日 977列車 ED61 XX〔竜〕+EF58 XX〔竜〕+荷物車・貨車 阪和線 百舌鳥

ネや給水装置にも「元空気溜め」から空気を送る構造に変更された（ベビーコンプレッサは撤去）。したがって、110km/h運転を行わなくとも、MR管連結は必須条件である。

そこで、米原機関区と下関運転所のEF58にMR管増設工事が行われる（この段階で広島鉄道管理局では、広島機関区に加え下関運転所にもEF58を配置）。俗に言う「EF58 P形」の誕生であり、当該改造工事の関係で、パターンダイヤ導入の3月改正時ではなく、半年後の昭和47年10月改正時にEF58の寝台特急牽引を開始する。

今回、EF58が牽引を担った東海道・山陽本線の寝台特急は以下の面々。まず米原機関区は、米原～大阪間において「日本海」（大阪～青森間列車、20系）、「つるぎ」（大阪～新潟間列車、20系）、新大阪～下関間では「彗星（下り）1・（上り）2号」（新大阪～都城間列車、20系）、「彗星2・1号」（新大阪～大分間列車、20系）。そして下関運転所は、新大阪～下関間で「あかつき1・4号」（新大阪～西鹿児島・長崎間列車、20系）、「あかつき2・3号」（新大阪～熊本間列車、14系）「あかつき3・2号」（新大阪～西鹿児島・佐世保間列車、14系）、「あかつき4・1号」（新大阪～熊本・長崎間列車、14系）。

また、MR管増設を行ったEF58は、のちの改造機を含め図表⑦のとおりである。なお、関西～九州間の寝台特急は、昭和48（1973）・49年にも増発をみるが、その分は14系と24系客車による運用だったため、P形でなくとも牽引可能、結果、宮原機関区や広島機関区のEF58も山陽路で特急牽引に参加する。

図表⑦　元空気溜め引き通し管増設（P型化）を行ったEF58

35	36#	38*	39	42	44	50	62*	63*	64*	65*
66	69*	71	72	74#	77#	78#	79#	80#	81*	82*
84*	85*	96	99	103#	104	105	107	110	111#	112#
113#	114*	115#	116*	117*	118#	139	147	149	170	

#印は昭和47年10月改正時の米原機関区配置車でP型化したもの（配置車全機が対象）。
*印は昭和47年10月改正時の下関運転所配置車でP型化したもの。

昭和48年には、24号機と28号機が浜松機関区から竜華機関区に転属した。新たなる職場は阪和線だが、主たる仕事は同線に1往復存在する夜行普通列車（紀勢本線直通の旅客列車。従来は電機牽引となる阪和線内で冬期に暖房車を連結）の牽引で、これ以外はED60やEF52などの先輩機に混じり貨物列車を牽いた（東貝塚～和歌山操間の補機仕業を含む。貨物列車牽引の定期仕業は昭和49年から）。

一方、昭和40年代後半から、延命をもくろむ更新（車体整備）工事が若番機を中心に施されていく。この工事を受けたEF58は、前面窓ガラスのHゴム支持化（大窓機は小窓化を伴う）、乗務員乗降用扉のFRP化、尾灯（後部標識灯）の大型化など、外観にも変化が生じた。大窓機などは原形を大きく損なう結果を招いたが、第一線での活躍維持のためには致し方なかった。

昭和50（1975）年3月10日の新幹線博多開業に伴う全国ダイヤ改正では、当然ながら関西～九州間の寝台特急が大幅減便となる。他方、首都圏発着の新たなる寝台特急が3系統新設される。そのすべてがEF58の牽引で、東京～米子・紀伊勝浦間特急「いなば・紀伊」（14系）の東京～京都間が浜松機関区、上野～金沢間特急「北陸」（20系）の上野～長岡間が長岡運転所、上野～盛岡間特急「北星」（20系）の上野～黒磯間が宇都宮運転所という役割分担であった。

「北陸」「北星」の牽引にはP形が必要だが、前者は長岡運転所のEF58を新規に改造、後者は改正直前にP形EF58の集中配置区だった広島機関区より6両を宇都宮運転所に転属させ、対処した。この広島からの転属組のEF58は、もちろんSG装備車であり、宇都宮運転所既存のEG組とは当初、運用が分離されたが、徐々に大宮工場でEG化改造を行い同化を進める（65号機のようにEG化せず廃車した例もある）。

昭和50年3月改正は、結果的にEF58一族172両がすべて揃い迎えた最後の全国白紙ダイヤ改正であった。同改正時点でのEF58の配置区所と運用範囲を図表⑧（13・14頁）に示す。

これより、次の全国規模のダイヤ改正となる昭和53（1978）年10月2日改正までは、EF58は運用面で安定していた時期といえる。昭和51（1976）年2月には、宮原機関区EF58の牽引担当である東京～大阪間の急行「銀河」が、10系寝台車から20系へと車種変更される。特急用客車20系の急行列車格下げ使用第一弾である。

急行用20系は、電源車カニ21形の荷物室に大容量の空気圧縮機と関連機器を搭載して、客車編成内に高圧空気を供給するよう改めている（当該改造を施した電源車は荷物室に使用できないので、形式をカヤ21形に変更）。結果、牽引機のP形限定は不要となった。

昭和53年3月、EF58一族にもついに運命の時がやってきた。同月17日付で竜華機関区の21号機と28号

昭和50年3月改正から53年10月改正まで東海道本線の荷35列車は汐留〜名古屋間がEF58重連となった——昭和53（1978）年7月28日　荷35列車　EF58 139〔宮〕+EF58 164〔浜〕+荷物車・郵便車　東海道本線　大井町〜大森

昭和53年10月改正で長岡運転所のEF58牽引となった急行「能登」——昭和54（1979）年?月?日　3604列車：急行「能登」　EF58 106〔長岡〕+金サワ スニ41・10系寝台車・旧型客車　東北本線　赤羽〜東十条

20系化された急行「銀河」——昭和52（1977）年7月?日　104列車：急行「銀河」　EF58 53〔宮〕+大ミハ20系　東海道本線　大森〜大井町

EF58の関西発着九州方面行定期寝台特急の牽引は昭和54年夏に終了する——昭和52（1977）年8月14日　3005列車：特急「彗星2号」　EF58 36〔米〕+大ムコ24系25形　東海道本線　大阪

機が廃車されたのである。このころになると、一頃盛んだった更新（車体整備）工事もほとんど行われていない。調子の良くないEF58は、即刻廃車との方針に変わったようである。ただ、大宮工場では、宇都宮運転所、東京機関区、浜松機関区配置車に対し、前面窓の黒Hゴム支持化のみを猛烈な勢いで進めていた（長岡運転所、高崎第二機関区配置車は、早い段階で全機が黒Hゴム支持化を完了）。

以降、櫛の歯がこぼれ落ちるように、仲間を減らしていくEF58であった。

図表⑧　昭和50年3月10日改正時のEF58配置区所および運用区間

新潟鉄道管理局 長岡運転所 ［長岡］

配置車
35　50　51　71　72　104　105　106　107　110
(計10両)

牽引担当定期旅客列車とその牽引区間（荷物専用列車、回送列車、試運転列車等は除く。カッコ内は当該列車の全運転区間）

［下り列車］
・3001列車〈特急「北陸」〉20系寝：上野→長岡（上野→金沢）
・803列車〈急行「天の川」〉10系寝：上野→新潟（上野→秋田）
・1323列車〈普通〉旧客：直江津→新潟
・523列車〈普通〉旧客：直江津→長岡（米原→長岡）

［上り列車］
・3002列車〈特急「北陸」〉20系寝：長岡→上野（金沢→上野）
・802列車〈急行「天の川」〉10系寝：新潟→上野（秋田→上野）
・1324列車〈普通〉旧客：新潟→直江津（新潟→直江津）
・522列車〈普通〉旧客：長岡→直江津（長岡→米原）

定期運用区間

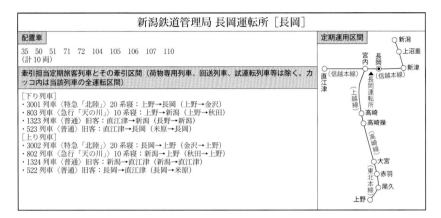

高崎鉄道管理局 高崎第二機関区 ［高二］

配置車
59　86　87　90　120　121　130　131　132　133　134　135　136　137　173　174　175
(計17両)

牽引担当定期旅客列車とその牽引区間（荷物専用列車、回送列車、試運転列車等は除く。カッコ内は当該列車の全運転区間、「/」は機関車交換）

［下り列車］
・3605列車〈急行「能登」〉10系寝＋旧客：上野→長岡（上野→金沢）
・801列車〈急行「鳥海」〉10系寝＋旧客：上野→高崎／高崎→新津（上野→秋田）
・2325列車〈普通〉旧客：上野→高崎（上野→長岡）
・621列車〈普通〉旧客：新津→村上（新津→村上）

［上り列車］
・3604列車〈急行「能登」〉10系寝＋旧客：長岡→上野（金沢→上野）
・804列車〈急行「鳥海」〉10系寝＋旧客：新津→上野（秋田→上野）
・2322列車〈普通〉旧客：高崎→上野（高崎→上野）

定期運用区間

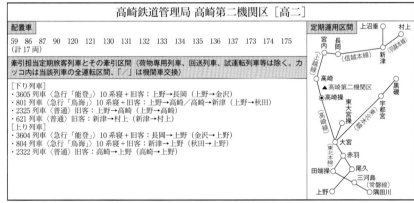

東京南鉄道管理局 東京機関区 ［東］

配置車
49　61　68　88　122　123　124　129　148　154
(計10両)

牽引担当季節旅客列車とその牽引区間（回送列車等は除く）

※主に上野・東京〜富士宮間で宗教団体専用の季節列車（創臨）を半ば定期的に牽引。

定期運用区間

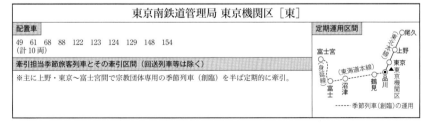

東京北鉄道管理局 宇都宮運転所 ［宇］

配置車
10　11　12　14　58　65　70　73　84　85　89　102　108　109　114　116　117　152　153
(計19両)

牽引担当定期旅客列車（一部の季節列車を含む）**とその牽引区間**（荷物専用列車、回送列車、試運転列車等は除く。カッコ内は当該列車の全運転区間、「/」は機関車交換）

［下り列車］
・31列車〈特急「北星」〉20系寝：上野→黒磯（上野→盛岡）
・101列車〈急行「八甲田」〉旧客：上野→黒磯（上野→青森）
・401列車〈急行「津軽1号」〉10系寝＋旧客：上野→青森（奥羽本線経由）
・403列車〈急行「津軽2号」〉10系寝＋旧客：上野→黒磯（上野→青森〔奥羽本線経由〕）
・1101列車〈急行「新星」〉10系寝：上野→黒磯（上野→仙台）
・6401列車〈急行「おが2号」〉10系寝＋旧客：上野→黒磯（上野→男鹿〔奥羽本線経由〕）
・6101列車〈急行「ざおう5号」〉12系：上野→黒磯（上野→山形）
・6103列車〈急行「八甲田54号」〉12系：上野→黒磯（上野→青森）
・121列車〈普通〉旧客：上野→宇都宮／宇都宮→黒磯（上野→郡山）
・123列車〈普通〉旧客：上野→黒磯（上野→一ノ関）
・125列車〈普通〉旧客：上野→宇都宮／宇都宮→黒磯（上野→福島）
　※31列車以外はEF57形が牽引する場合あり。

［上り列車］
・32列車〈特急「北星」〉20系寝：黒磯→上野（盛岡→上野）
・102列車〈急行「八甲田」〉旧客：黒磯→上野（青森→上野）
・402列車〈急行「津軽1号」〉10系寝＋旧客：黒磯→上野（青森→上野〔奥羽本線経由〕）
・404列車〈急行「津軽2号」〉10系寝＋旧客：黒磯→上野（青森→上野〔奥羽本線経由〕）
・1102列車〈急行「新星」〉10系寝：黒磯→上野（仙台→上野）
・6402列車〈急行「おが2号」〉10系寝＋旧客：黒磯→上野（男鹿→上野〔奥羽本線経由〕）
・6102列車〈急行「おが52号」〉12系：黒磯→上野（秋田→上野〔奥羽本線経由〕）
・6104列車〈急行「八甲田55号」〉12系：黒磯→上野（青森→上野）
・122列車〈普通〉旧客：黒磯→宇都宮／宇都宮→上野（福島→上野）
・124列車〈普通〉旧客：黒磯→宇都宮（仙台→宇都宮）
・2126列車〈普通〉旧客：黒磯→上野（上野→上野）
　※32列車以外はEF57形が牽引する場合あり

定期運用区間

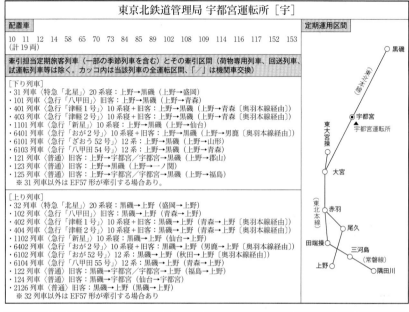

静岡鉄道管理局 浜松機関区 ［浜］

配置車
1　2　3　4　5　25　26　27　52　60　67　155　156　157　158　159　160　161　162　163　164　165　166　167　168　169
(計26両)

定期運用区間

牽引担当定期旅客列車とその牽引区間（荷物専用列車、回送列車、試運転列車等は除く。カッコ内は当該列車の全運転区間、「/」は機関車交換）

［下り列車］
・2003列車〈特急「いなば・紀伊」〉14系寝：東京→京都（東京→米子・紀伊勝浦）
　※「紀伊」は名古屋まで併結。

［上り列車］
・2004列車〈特急「いなば・紀伊」〉14系寝：京都→名古屋／名古屋→東京（米子・紀伊勝浦→東京）
　※「紀伊」は名古屋から併結。

名古屋鉄道管理局 米原機関区 ［米］

配置車
36 74 77 78 79 80 103 111 112 113 118
(計11両)

定期運用区間

下関―(山陽本線)―広島―海田市―三原―岡山―大阪―宮原操―新大阪―向日町操―(東海道本線)―米原▲米原機関区

牽引担当定期旅客列車とその牽引区間（荷物専用列車、回送列車、試運転列車等は除く。カッコ内は当該列車の全運転区間）

［下り列車］
・41 列車〈特急「あかつき1号」〉14系寝：大阪→下関（大阪→長崎・佐世保）
・3005 列車〈特急「彗星2号」〉24系25形寝：新大阪→下関（新大阪→都城）
［上り列車］
・42 列車〈特急「あかつき1号」〉14系寝：下関→新大阪（長崎・佐世保→新大阪）
・206 列車〈急行「くにさき」〉14系：下関→大阪（大分→大阪）
・501 列車〈急行「きたぐに」〉10系寝＋12系＋旧客：大阪→米原（大阪→青森）

大阪鉄道管理局 宮原機関区 ［宮］

配置車
41 42 43 44 45 46 47 48 53 54 55 56 57 75 76 83 91 92 93 94 95 96 97 98 99 100 101 125 126 127 128 138 139 140 141 142 143 144 145 146 147 149 150 151 170 171 172
(計47両)

定期運用区間

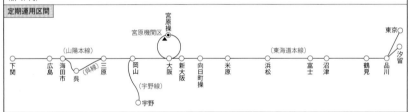

牽引担当定期旅客列車とその牽引区間（荷物専用列車、回送列車、試運転列車等は除く。カッコ内は当該列車の全運転区間）

［下り列車］
・103 列車〈急行「銀河」〉10系寝＋旧客：東京→大阪（東京→大阪）
・502 列車〈急行「きたぐに」〉10系寝＋12系＋旧客：米原→大阪（青森→大阪）
・201 列車〈急行「雲仙・西海」〉14系：新大阪→下関（新大阪→長崎・佐世保）
・203 列車〈急行「阿蘇」〉14系：新大阪→下関（新大阪→熊本）
・205 列車〈急行「くにさき」〉14系：大阪→下関（大阪→大分）
［上り列車］
・44 列車〈特急「あかつき2号・明星3号」〉14系寝：下関→大阪（佐世保・熊本→大阪）
・202 列車〈急行「雲仙・西海」〉14系：下関→新大阪（長崎・佐世保→新大阪）
・204 列車〈急行「阿蘇」〉14系：下関→新大阪（熊本→新大阪）
・104 列車〈急行「銀河」〉10系寝＋旧客：大阪→東京（大阪→東京）

天王寺鉄道管理局 竜華機関区 ［竜］

配置車
21 22 24 28 39 66
(計6両)

定期運用区間

天王寺―(関西本線)―竜華操▲竜華機関区
杉本町―(阪和線)―和歌山―(紀勢本線)―和歌山操

牽引担当定期旅客列車（一部毎週土曜運転の臨時列車を含む）とその牽引区間（対象が"旅客列車"ということで当然ながら貨物列車は除く。カッコ内は当該列車の全運転区間）

［下り列車］
・924 列車〈普通「南紀」〉10系客＋旧客：天王寺→和歌山（天王寺→新宮→名古屋）
・8106 列車〈急行「きのくに6号」〉12系：天王寺→和歌山（天王寺→白浜）
［上り列車］
・921 列車〈普通「南紀」〉10系客＋旧客：和歌山→天王寺（名古屋→新宮→天王寺）

広島鉄道管理局 広島機関区 ［広］

配置車
6 7 8 9 13 15 16 17 18 19 20 23 38 40 62 63 64 69 81 115 119
(計21両)

定期運用区間

▲広島機関区―(山陽本線)―下関―広島―海田市―呉―(呉線)―三原―岡山―大阪―新大阪―向日町操―(東海道本線)―米原―浜松―富士―沼津―鶴見―品川

-------- 季節列車（創臨）の運用

牽引担当定期旅客列車とその牽引区間（荷物専用列車、回送列車、試運転列車等は除く。カッコ内は当該列車の全運転区間）

［下り列車］
・25 列車〈特急「明星2号」〉24系25形寝：新大阪→下関（新大阪→西鹿児島）
・33 列車〈特急「明星5号・あかつき2号」〉24系25形寝：新大阪→下関（新大阪→熊本・長崎）
・43 列車〈特急「あかつき3号・明星6号」〉14系寝：新大阪→下関（新大阪→佐世保・熊本）
・1001 列車〈特急「安芸」〉20系寝：新大阪→下関（新大阪→下関〔呉線経由〕）
［上り列車］
・26 列車〈特急「明星2号」〉24系25形寝：下関→新大阪（西鹿児島→新大阪）
・34 列車〈特急「明星4号・あかつき3号」〉24系25形寝：下関→新大阪（熊本・長崎→新大阪）
・3006 列車〈特急「彗星2号」〉24系25形寝：下関→新大阪（都城→新大阪）
・1002 列車〈特急「安芸」〉20系寝：下関→新大阪（下関→新大阪〔呉線経由〕）

広島鉄道管理局 下関運転所 ［関］

配置車
29 30 31 37 82
(計5両)

定期運用区間

-------- 季節列車の運用

▲下関運転所―(山陽本線)―広島―海田市―三原―岡山―大阪―新大阪―向日町操―(東海道本線)

牽引担当季節旅客列車とその牽引区間（荷物専用列車、回送列車、試運転列車等は除く。カッコ内は当該列車の全運転区間）

［下り列車］
・6029 列車〈特急「明星4号」〉14系：新大阪→下関（新大阪→西鹿児島）
［上り列車］
・6030 列車〈特急「明星5号」〉14系：下関→新大阪（西鹿児島→新大阪）

参考文献：GROUP BLUE TRAINS' 編『電気機関車 快走』交友社、1975年／『国鉄監修 交通公社の時刻表 1975年3月号』日本交通公社、1975年

「EF58の時代」の終焉

昭和53（1978）年10月2日の全国ダイヤ改正では、紀勢本線の新宮〜和歌山間電化開業に伴い、竜華機関区EF58の運用範囲がこの区間にまで拡がった。本州最南端（串本）にまで軌跡を残したのである。

一方、宇都宮運転所のEF58は、特急「北星」（14系）の牽引をEF65（1000番台）に譲り、特急仕業が消滅。また、従来は長岡運転所の担当だった特急「北陸」も14系化に伴い高崎第二機関区のEF58が牽引するようになった。東海道・山陽本線でも特急仕業に変化があり、「いなば・紀伊」が変じた東京〜出雲市・紀伊勝浦間特急「出雲3・2号・紀伊」の東京〜京都間牽引は、下りが宮原機関区、上りが浜松機関区とされ、米原機関区は特急仕業が消滅した。

昭和53年10月改正時点のEF58各配置区における運用概況は次のとおり。

◎長岡運転所…上野〜新潟、長岡〜直江津間で急行・普通・荷物列車を牽引（急行は「天の川」「能登」を担当）。

◎高崎第二機関区…上野・隅田川〜新津・上沼垂・黒磯間で特急・急行・普通・荷物列車を牽引（急行は「鳥海」を担当）。

◎宇都宮運転所…上野・隅田川〜黒磯間で急行（夜行急行すべて）・荷物列車、田端操〜（山手貨物線経由）〜品川・新鶴見操間および隅田川〜上野〜品川間で荷物列車を牽引。

◎東京機関区…定期仕業は尾久〜上野〜品川間の回送列車のみ。他に黒磯〜上野〜品川〜富士宮間で季節・臨時の団体列車牽引など。

◎浜松機関区…東京・汐留〜下関間（品川〜新鶴見操〜鶴見間を含む）が守備範囲で荷物列車牽引が運用

の主体。汐留〜下関間通しのロングラン運用も多い。

◎米原機関区…汐留〜広島間と呉線で荷物列車牽引を担当。米原〜大阪間では急行「きたぐに」も牽引。

◎宮原機関区…東京・汐留〜下関間（品川〜新鶴見操〜鶴見間を含む）と宇野線、呉線が守備範囲で荷物列車の他、特急・急行列車も牽引（特急は「あかつき1・4号」「あかつき3・2号」、急行は「銀河」「雲仙・西海」「阿蘇・くにさき」を担当）。

◎竜華機関区…天王寺〜和歌山〜新宮間の普通列車牽引の他、間合いで新宮〜紀伊佐野間、朝来〜紀伊田辺間の小運転貨物列車を牽引。他に竜華操〜天王寺間の単機回送あり（平野経由の設定だが暫定的に杉本町経由で運転）。

◎広島機関区…向日町操〜新大阪〜下関間で特急・荷物列車を牽引（特急は「明星3・4号」「彗星3・4号」「彗星5・2号」を担当）。

◎下関運転所…季節列車の特急「明星5・6号」牽引など（「明星5・6号」は実際には宮原機関区が多く担当）。

昭和54（1979）年に入ると、7月に宮原機関区と下関運転所にEF65（1000番台）が新製配置され、関西発着の九州方面定期寝台特急の牽引は、これに置き換えられた（季節列車の「明星5・6号」1往復のみ宮原機関区のEF58が担当）。結果、広島機関区のEF58は両数を減らし、細々と荷物列車のみを担当。昭和54年度上半期には、12両ものEF58が廃車となった。

昭和54年10月1日ダイヤ改正は、小規模ながらも東海道本線東京口で大変革が生じる。懸案だった貨物新線の鶴見〜横浜羽沢〜大船間が開通、EF58牽引の汐留発着荷物列車は、それまで品川以南旅客線経由で横浜を通っていたが、汐留〜東京貨物ターミナル〜浜川崎〜八丁畷〜鶴見〜横浜羽沢〜大船という貨物線経

由のルートに変更となる（下り荷33列車のみ旅客線経由。なお、横浜羽沢は横浜地区における小荷物取扱拠点駅として開業）。

そして、新たに隅田川〜田端操〜（山手貨物線経由）〜新鶴見操〜鶴見〜横浜羽沢間の荷物列車も設定され、宇都宮運転所EF58の運用範囲南限が横浜羽沢に変わる。

他方、長岡運転所EF58の運用範囲から信越本線宮内〜直江津間が消えた。これはEF81の新製増備によるもの。また、山陽本線夜行急行「雲仙・西海」「阿蘇・くにさき」の牽引が宮原機関区のEF58からEF65（1000番台）に変わり、広島機関区EF58の定期仕業も広島〜下関間の荷物列車1往復のみとなる。下関運転所にいたってはEF58自体が消滅した。

次に控える昭和55（1980）年10月1日ダイヤ改正は、EF58一族にとって誠に辛い内容であった。上越線にEF64（1000番台）が大量に新製投入され、長岡運転所のEF58が全機、運用離脱に追い込まれる。ただ、「上越ゴハチ」の同胞、高崎第二機関区のEF58は、「天の川」「鳥海」といった急行列車を担当、まだまだ健在である。

今改正は、東海道・山陽本線のEF58にも厳しく、特急「出雲3・2号・紀伊」と急行「銀河」の牽引が、山陽本線夜行急行2往復の廃止で余った宮原機関区のEF65（1000番台）にとって代わられた。この方面で残るEF58牽引の定期優等列車といえば、急行「ちくま5・4号」（大阪〜長野間の列車で、大阪〜名古屋間を浜松機関区が担当）と急行「きたぐに」（大阪〜青森間の列車で、大阪〜米原間を米原機関区が担当）だけとなる。宮原機関区のEF58は、定期優等列車仕業がなくなり荷物列車専門と化した。浜松機関区と米原機関区のEF58も、主たる役割は荷物列車の牽引である。さらに、広島機関区のEF58は定期仕業を失い（荷物列車は同区

昭和55年10月改正で広島機関区のEF58は定期仕業を失う——昭和52（1977）年8月16日　荷1031列車　EF58 18〔広〕＋大ムコワキ8000・ワサフ8000（荷貨共用車）　東海道本線 大阪

昭和55年10月改正で長岡運転所のEF58は全機が運用離脱する——昭和52（1977）年7月21日　803列車：急行「天の川」　EF58 72〔長岡〕＋北オク20系　東北本線 上野

のEF61が担当）、臨時用に4両残留するのみとなった。

　一方、東北本線では、宇都宮運転所のEF58が荷物列車はもちろんのこと、上野〜黒磯間で定期夜行急行列車を一手に引き受けており、まだまだ心強い。なお、同所のEF58が横浜羽沢以北を担当する東海道本線と東北本線を直通する荷物列車は、武蔵野線経由である。

　昭和57年度に入ると、竜華機関区のEF58にP形化改造工事が施される。旧型客車で運転中の紀勢本線電化区間の普通列車を50系客車（旅客乗降用自動ドアの開閉に機関車の「元空気溜め」から空気を送る必要がある客車）に置き換える計画への対応だが、先のことを言えば、50系投入は結局のところ実現しなかった。

　昭和57（1982）年6月に先行開業した東北新幹線大宮〜盛岡間の本格ダイヤ導入と、上越新幹線大宮〜新潟間開業に伴う昭和57年11月15日全国ダイヤ改正は、「北のゴハチ」には痛恨の内容であった。

　まず、高崎第二機関区のEF58が、EF64（1000番台）のさらなる増備に伴い定期仕業を失う。臨時用に数両は残ったが、検査期限が来れば消える運命である。宇都宮運転所のEF58も、上野〜黒磯間における定期急行列車牽引が「八甲田」「津軽」の2往復のみと化す。ただ、従前は東北本線の一部荷物列車が高崎第二機関区EF58の担当であったが、すべて宇都宮運転所のEF58が担うこととなる。

　東海道・山陽本線に目を移せば、浜松機関区EF58の定期仕業が荷物列車と品川〜小田原間の試運転列車（俗に"試客"と呼ばれる大船工場入出場の客車回送に使われる列車で、上りは横浜羽沢、新鶴見操経由。浜松機関区の伝統的な仕業）のみとなって、新たに宮原機関区のEF58が急行「ちくま3・4号」の大阪〜名古屋間を牽引する。広島機関区のEF58は臨時用として残存機2両（38号機、63号機）、まさに風前の灯火である。

　暮れも押し迫った昭和57年12月31日、東京〜伊東間に急遽設定の臨時特急「踊り子53号」（14系座席車）をゴハチの大親分、東京機関区の61号機が牽引。臨時列車とはいえ、久々の特急仕業復活である。これ以降、臨時の「踊り子」牽引が東京機関区のEF58にとっては定番となり、昭和58（1983）年夏からは私鉄の伊豆急行線にも入線を果たす。社線内は、特訓で腕を鍛えた伊豆急行の運転士がEF58を操縦した。

　そして、運命の昭和59（1984）年2月1日全国ダイヤ改正を迎える。

　貨物列車のヤード系集結輸送を全廃、拠点間直行輸送に統一した革命的大改正だが、東海道・山陽本線の荷物列車にも大変革のメスが入る。それはEF58一族

昭和57年11月改正では高崎第二機関区のEF58が定期仕業を失う——昭和53（1978）年4月6日　3604列車：急行「能登」　EF58 135〔高二〕＋金サワ10系寝台車・旧型客車　東北本線 上野

昭和58年夏以降、EF58は伊豆急行線へ頻繁に入線する——昭和58（1983）年10月16日　9024列車：特急「サロンエクスプレス踊り子」　EF58 88〔東〕＋南シナ14系欧風客車〈サロンエクスプレス東京〉　伊豆急行線 伊豆急下田

にとどめをさす内容であった。なにしろ、メイン舞台のその二大幹線で、定期仕業が皆無となるのだから。ゴハチに引導を渡す手筈はこうである。

今改正では信越本線の難所、横川～軽井沢間を通過する貨物列車がなくなる。結果、山男EF62に大量の余剰機が出る。同機は電気暖房用電動発電機（MG）を搭載している。

一方、東海道・山陽本線で運用中の荷物車・郵便車も更新が進み、2000番台の蒸気暖房・電気暖房併設車で、ほぼ揃えられていた（荷物車・郵便車といえども締切車やパレット輸送車を除き、前者には荷扱車掌〔ニレチ〕、後者には鉄道郵便局の職員が乗務するので、冬期は暖房が必要）。

そこで、余剰のEF62を26両、下関運転所に転属させ、浜松機関区、米原機関区、宮原機関区のEF58と広島機関区EF61に代わって東海道・山陽本線の荷物列車牽引を一手に担わせることになった。結果、東海道・山陽本線のEF58稼働機は、臨時用で残る東京機関区の3両（61号機と浜松機関区から転属の93号機、

昭和59(1984)年3月4日　回8348列車　EF58 160〔東〕＋高タカ12系和風客車〈くつろぎ〉　東海道本線 吉原～東田子の浦

160号機）と宮原機関区の3両（126号機、127号機、150号機）だけ。この残存機は、品川客車区と宮原客車区に配置の81系和風客車（機関車からの暖房供給が必要。蒸気・電気暖房併設）対策である。

さて、注目の東海道・山陽本線荷物列車だが、ダイヤ改正から3月末までの約2ヶ月間は暫定的に、東京・浜松・米原・宮原の各機関区のEF58運用離脱機から選抜した26両を下関運転所に転属させ（図表⑨）、EF62の仕業を代走させる運びとなった。

これは、EF62が従前、東海道・山陽本線での運用実績がなく、当該の運転に関わる区所（東京機関区、沼津機関区、静岡運転所、浜松機関区、名古屋第二機関区、稲沢第二機関区、米原機関区、梅小路機関区、宮原機関区、姫路第二機関区、岡山機関区、糸崎機関区、広島機関区、下関運転所など）の機関士に対する教育・訓練に時間を要するための措置である。

昭和59年の2月、3月は、実に寒い冬であった。

図表⑨　昭和59年2月改正で下関運転所に転属したEF58

36（米）	44（宮）	45（宮）	48（宮）	56（宮）	77（米）
91（浜）	94（浜）	96（米）	100（宮）	101（宮）	111（米）
113（米）	118（米）	125（宮）	128（宮）	129（東）	138（宮）
142（浜）	146（宮）	155（浜）	156（浜）	157（浜）	158（浜）
164（浜）	171（宮）				

※カッコ内は改正前の配置区。東＝東京機関区、浜＝浜松機関区、米＝米原機関区、宮＝宮原機関区。

昭和59(1984)年3月5日　8103列車　EF58 150〔宮〕＋大ミハスロ81系和風客車　東海道本線 東田子の浦～吉原

廃車前提で最低限の整備しか行っていないピンチヒッター下関運転所のEF58には、ハードなEF62用の仕業は酷だったようで、SGを中心に運用途中で故障機が続出、関係する各現場、特に東の折り返し点である東京機関区や、中継点の宮原機関区などは、修理でてんやわんやの大騒ぎになったという。

45号機と100号機などは、走行不能となる故障を起こし2月中に運用離脱。この代替に廃車前提の休車留置中だった東京機関区の68号機と米原機関区の112号機が下関運転所に貸し出される（米原機関区には74号機も休車留置中だが、これは書類上、稲沢第二機関区に配置換え〔翌年には稲沢機関区となる〕）。臨時用に残る東京機関区の稼働機61号機、93号機、宮原機関区の稼働機126号機、127号機、150号機が、助っ人として一時的に荷物列車を牽引する場面まであった。しかし、やがて春は訪れる。無事、役目をEF62に引き継ぎ、下関運転所のEF58は静かにパンタを降ろした。

昭和59年4月以降の稼働機は、ご案内済みの東京

昭和59(1984)年3月19日　荷2032列車　EF58 158〔関〕＋荷物車・郵便車　東海道本線 近江長岡〜柏原

昭和59(1984)年3月19日　荷33列車　EF58 111〔関〕＋荷物車・郵便車　東海道本線 岐阜

昭和59(1984)年3月3日　荷36列車　EF58 112〔関〕＋荷物車・郵便車　東海道本線 興津〜由比

機関区、宮原機関区の6両と、宇都宮運転所は89、103、109、114、116、122、141、145、151、154、168、172の各機12両、竜華機関区は39、42、44、66、99、139、147、149、170の各機9両である。竜華機関区の44号機は、3月末まで下関運転所にいたもので、転属の途中、鷹取工場においてP形化改造工事が行われた。なお、109号機と149号機は同年夏に運用を離脱する。

そして、東京南鉄道管理局のイベント機になりつつあった61号機の向こうを張り、東京北鉄道管理局のイベント機に担ぎ上げる目論見から、大宮工場で全般検査を受けた89号機が夏の終わりには車体塗色を「ぶどう色2号」に復刻のうえ出場した。国鉄もなかなか粋な計らいをするものである。

運用面を見れば、宇都宮運転所のEF58は東北本線黒磯以南、東海道本線の横浜羽沢まで（山手貨物線、武蔵野線双方を経由）と高崎線で荷物列車を牽引。定期急行列車の担当は下り「八甲田」と上り「津軽」、加えて季節列車の下り「おが」であった。

西の砦、竜華機関区のEF58は、従来どおり、天王寺〜新宮間の夜行普通列車1往復と和歌山〜新宮間で昼行普通列車2往復の牽引が定期仕業だが、引っぱられる客車が2月の改正で12系化された。同系はベビーコンプレッサ搭載のため、MR管は無用である。竜華機関区のEF58は全機P形なのだが、その装備は宝の持ち腐れとなった。

続く昭和60(1985)年3月14日の全国ダイヤ改正は、東北・上越新幹線の上野開業が目玉だが、他方、宇都

昭和59(1984)年8月7日　8115列車：急行「銀河51号」　EF58 160〔東〕＋南シナ14系座席車　東海道本線 東京

昭和59(1984)年9月27日　お召列車　EF58 61〔東〕+南シナ御料車新1号編成　東北本線 矢板～片岡

昭和59(1984)年12月30日　荷1036列車　EF58 116〔宇〕+荷物車・郵便車　東北本線 蒲須坂～氏家

昭和59(1984)年11月24日　試6961列車（試客）　EF58 61〔東〕+南シナ マニ36・南トメ マニ44　東海道本線 大井町

昭和60(1985)年1月2日　123列車　EF58 39〔竜〕+天リウ12系・マニ50　紀勢本線 下里～紀伊浦神

昭和60(1985)年3月5日　回9112列車(お召訓練折り返し)　EF58 160〔東〕＋南シナマニ36・北オクマニ36　伊豆急行線 今井浜海岸〜伊豆稲取

昭和60(1985)年3月12日　お召列車　EF58 61〔東〕＋南シナ御料車新1号編成
伊豆急行線 南伊東〜川奈

宮運転所のEF58による東北本線、高崎線他の定期仕業は消滅する（東北本線黒磯以南では、定期急行列車はEF65〔1000番台〕、荷物列車はEF64〔1000番台〕が担当）。同所の11両のEF58は書類上、田端機関区配置となるが、稼働機は臨時用の89号機、122号機、141号機のみ（従来どおり、宇都宮運転所に常駐のうえ運用）、他は廃車前提の休車とされた。

　この改正では、東の名門、東京機関区が合理化により乗務員基地化、当区所属のEF58も3両すべて、書類上は新鶴見機関区の配置となった。が、こちらも稼働機は61号機のみ（東京機関区に常駐して臨時列車やイベント列車に運用）。93号機と160号機は廃車前提の休車であった。

　西の名門、宮原機関区も同様の処遇を受ける。乗務員基地化から同区のEF58は3両（126号機、127号機、150号機）すべてが書類上、吹田機関区に配置換え。そして、いずれもが廃車前提の休車である（宮原機関区に留置。なお、ダイヤ改正直後に1回だけイベントで127号機と150号機が彦根まで往復した）。

　以上のように、東京南鉄道管理局と大阪鉄道管理局においてEF58が淘汰されたのは、広島鉄道管理局下関運転所のEF62に運用の余裕が生じたからである。当時、民間の宅配便におされ、国鉄の小荷物輸送は縮小傾向にあった。今改正でも東海道・山陽本線では荷物列車が減った。結果、EF62は運用途中での宮原機関区と東京機関区での待機（間合）時間が相当に長く設定された（まる1日以上とか）。その間に必要あらば、品川客車区と宮原客車区のスロ81系和風客車牽引の臨時仕業（変運用）を挿入する手筈なのである。

　関東ではEF58の稼働機が4両（61、89、122、141の各機）にまで減少して、定期仕業も無く、すべて臨時用という寥々(りょうりょう)たる状態なのに対し、関西の方は天王寺鉄道管理局竜華機関区がEF58稼働機8両（39、42、44、66、99、139、147、170の各機）とも安泰であり、定期仕業もちゃんと残っている。ただ、紀勢本線和歌山〜新宮間の昼行普通列車牽引が2往復から1往復に減少、運用に余裕が出たことから、一定期間使用しない車両を決めて特別休車をかけ、検査期限を延ばす措置がとられる。なお、今改正で、阪和線・紀勢本線の普通列車は荷物車の連結がなくなる。

　今、お手にとられている画集の本編は、この昭和60年3月14日ダイヤ改正以降、昭和62(1987)年3月31日"国鉄最後の日"まで約2年間のEF58残党の活躍風景を集めたものである。対象機の数こそ少ないものの、老いてもなお凛然(りんぜん)と走る姿をご賞味いただきたい。EF58ばかりでは濃厚すぎるので、撮影地にてEF58の前後を走ってきた列車なども、紙幅の許す範囲で並べている。それらも今となっては懐かしき面々である。

　では、国鉄最末期の時代へとタイムスリップしていただこう。

EF58
国鉄最末期のモノクロ風景

昭和60(1985)年7月10日　回9821列車　EF58 61〔新〕＋南シナ14系欧風客車〈サロンエクスプレス東京〉　横須賀線 大船〜北鎌倉

昭和60(1985)年4月28日　機関区構内展示　EF58 138〔関〕　EF58 36〔関〕　EF58 61〔新〕　EF58 74〔稲〕　EF58 96〔関〕　米原機関区(撮影会)

昭和60(1985)年6月11日　回9841列車　EF58 61〔新〕＋南シナ スロ81系和風客車　東海道本線 東京

昭和60(1985)年6月11日　回8102列車　EF58 122〔田〕＋北オク12系和風客車　東北本線 上野

昭和60(1985)年7月7日　9141列車　EF81 81〔田〕＋ EF58 89〔田〕＋水ミト旧型客車　武蔵野線 東川口～東浦和

昭和60(1985)年7月10日　9512列車　EF58 89〔田〕＋長ナノ12系和風客車〈白樺〉　東北本線 蓮田〜東大宮

EF65 500番台 貨物列車

185系 回送列車

485系 特急「つばさ」

昭和60(1985)年7月10日　9541列車　EF58 141〔田〕＋北オク14系　東北本線 東大宮〜蓮田

EF64 1000番台 試運転列車(試客)

EF60 貨物列車

昭和60(1985)年7月11日　9712列車　EF58 61〔新〕+南シナ14系欧風客車〈サロンエクスプレス東京〉　高崎線 行田

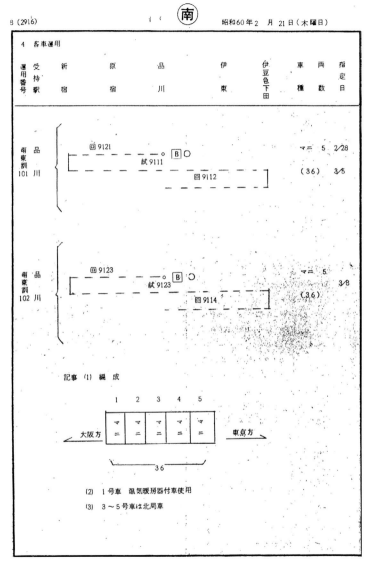

資料① 『東京南鉄道管理局報(乙)号外』写し(その1)

伊豆急行100系 普通列車

◀本書大扉ページ(タイトル入りページ)および
20頁写真の回9112列車運転に関する通達掲載の写し

昭和60(1985)年7月14日　9522列車　EF58 61〔新〕＋南シナ スロ81系和風客車　伊豆急行線 富戸〜川奈

EF65 500番台 貨物列車（甲種鉄道車両輸送：小田急3100形NSE車）

昭和60(1985)年7月18日　回9444列車　EF58 61〔新〕＋南シナ14系欧風客車〈サロンエクスプレス東京〉　東海道本線 興津〜由比

167系 快速列車

伊豆急行2100系 普通列車

コラム①「私鉄を走るEF58の醍醐味」

　昭和58（1983）年の夏に始まったEF58の伊豆急行線乗り入れは、史上、実に希なる事例といえよう。と言うのも、国鉄の客車列車が私鉄線に乗り入れる場合、社線内はその社の機関車が牽引するのが通例だからである。筑波鉄道（昭和62〔1987〕年廃止）、上信電鉄、秩父鉄道、伊豆箱根鉄道（駿豆線）、大井川鉄道（現・大井川鐵道）などに、スロ81系や12系・14系（和風、欧風を含む）といった客車の入線実績があるが、いずれも国社の境界駅で機関車交換を行っていた。大型で重たい国鉄の機関車は、規格が低い私鉄の線路には不向きで扱いづらい。

　伊豆急行線に対する地方鉄道敷設免許には、将来、国鉄が必要とするときには買収に応じる、という条件を当時の運輸省は付けており、実際の建設工事（昭和35〔1960〕年着工）でも、地形峻険でありながら国鉄車両の乗り入れを前提とした高規格の線路を敷いていった。むろん、"国鉄車両"には、EF58の入線も想定されていただろう。このような背景もあって、国鉄電機EF58の伊豆急行線への乗り入れは、容易に実現を果たしたという次第。

　伊豆急行は、昭和59（1984）年8月1日に『EF58伊豆急線乗入れ1周年記念』の入場券セットを発売している。それには、昭和58年6月30日から翌昭和59年7月2日までの約1年間にわたる伊豆急行線でのEF58運転記録が、詳細に記されていた。大変、貴重な記録ゆえ、当該記事に当時の局報や鉄道雑誌の団臨運転情報など諸資料で補足のうえ作成した資料「EF58伊豆急行線入線記録①〜③」を68頁、74頁、76頁に掲載する。

伊豆急行100系 普通列車

昭和60(1985)年7月20日　9021列車：特急「踊り子51号」　EF58 61〔新〕＋南シナ14系座席車　伊豆急行線 片瀬白田～伊豆稲取

185系 特急「踊り子」

伊豆急行1000系＋100系 普通列車

伊豆急行100系 普通列車

伊豆急行2100系 普通列車

昭和60(1985)年7月20日　9026列車：特急「踊り子58号」　EF58 61〔新〕＋南シナ14系座席車　伊豆急行線 今井浜海岸〜伊豆稲取

昭和60(1985)年7月21日　駅構内入換運転　EF58 61〔新〕　伊豆急行線 伊豆急下田

昭和60(1985)年7月21日　駅構内入換運転　EF58 61〔新〕　伊豆急行線 伊豆急下田

昭和60(1985)年7月21日　駅構内留置
EF58 61〔新〕＋南シナ14系座席車　伊豆急行線 伊豆急下田

ED60＋EF15 貨物列車

昭和60(1985)年7月27日　8102列車：急行「きのくに54号」　EF58 147〔竜〕＋岡オカ14系座席車　阪和線 山中渓〜紀伊

103系 区間快速列車

381系 特急「くろしお」

昭和60(1985)年7月27日　9301列車：急行「きのくに51号」　EF58 139〔竜〕＋岡オカ14系座席車　阪和線 新家〜長滝

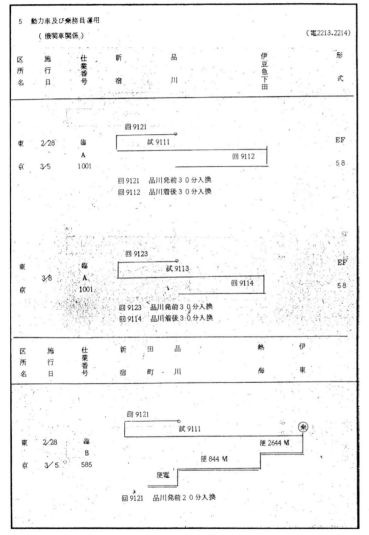

資料② 『東京南鉄道管理局報(乙)号外』写し(その2)

103系 快速列車

◀本書大扉ページ(タイトル入りページ)および
20頁写真の回9112列車運転に関する通達掲載の写し

昭和60(1985)年7月27日　8101列車：急行「きのくに53号」　EF58 147〔竜〕＋岡オカ14系座席車　阪和線 新家〜長滝

昭和60(1985)年7月28日　121列車　EF58 147〔竜〕＋天リウ12系　紀勢本線 紀伊田原～古座

昭和60(1985)年7月28日　9301列車：急行「きのくに51号」　EF58 139〔竜〕＋岡オカ14系座席車　紀勢本線 周参見〜紀伊日置

昭和60(1985)年7月28日　9123列車　EF58 44〔竜〕＋天リウ12系和風客車　紀勢本線 周参見〜紀伊日置

昭和60(1985)年7月28日　8101列車：急行「きのくに53号」　EF58 66〔竜〕＋岡オカ14系座席車　紀勢本線 南部〜岩代

昭和60年3月改正後のEF58の動向

　昭和60（1985）年3月14日ダイヤ改正後のEF58の稼働機は、田端機関区の89号機、122号機、141号機（宇都宮運転所常駐）、新鶴見機関区の61号機（東京機関区常駐）、竜華機関区の39号機、42号機、44号機、66号機、99号機、139号機、147号機、170号機のわずか12両ということは既述のとおり。

　これら以外にも、この改正時点で、田端機関区の172号機、168号機、154号機ほか、新鶴見機関区の160号機、93号機、稲沢機関区の74号機、吹田機関区の150号機、127号機、126号機、下関運転所の157号機、138号機、125号機、96号機、36号機ほか、といった面々が廃車前提の休車扱いで存在したが、保存話が持ち上がったもの以外、やがては廃車手続がとられ、解体処分となる運命である。

　なお、以上の休車機の留置先は、それぞれ書類上の配置先ではなく、昭和60年3月改正前の所属区所となる宇都宮運転所（172号機、168号機、154号機ほか留置）、東京機関区（160号機、93号機留置）、宮原機関区（150号機、127号機、126号機留置）および、昭和59（1984）年2月改正前の所属区である浜松機関区（157号機ほか留置）、米原機関区（96号機、74号機、36号機ほか留置）であった。ただし、下関運転所配置機だけは例外があり、たとえば、昭和59年2月改正前は宮原機関区の配置だった138号機と125号機の場合、前者は米原機関区留置で、後者は浜松機関区留置である。

　そうなったのは、昭和59年3月末に東海道・山陽本線において行われた荷物列車牽引機のEF58からEF62への置き換え作業が絡んでいる。

　その作業とは、東海道・山陽本線の各区所に訓練のため2月初頭より預けられていたEF62各機を、1週間ほどの期間に沿線随所、すなわち当該区所あるいは区所最寄り駅にて、同機の運用を代走中のEF58と交換していくというものだった（EF58各機はそれぞれ交換場所にて作業途中に運用を離脱、最寄りの機関区へ取り込まれ休車留置）。

　下関運転所の運用担当者は、EF58各機が極力、元いた区所へ帰れるよう、置き換え期間が近づくと、機番を選別のうえEF58を運用に充当していった（たとえば、元浜松機関区所属機ならば、浜松駅でEF62と交換する予定の仕業に入っていけるよう出区させてやれば、そのEF58は故郷に帰れるというわけ）。が、しかし、故障機続出で一部運用が乱れ、計画どおりとはならなかった125号機や138号機のような例も出てしまったのであった。

　まあ、それはそうとして、昭和60年3月改正後のEF58の運用は、田端機関区と新鶴見機関区の稼働機は臨時仕業のみとなり、とくに61号機と89号機はイベント列車への充当が目立っていく。122号機なども品川客車区のスロ81系和風客車牽引に絡んで、横須賀線などにも姿を見せるようになっていった。

　61号機も、東北本線はもとより、高崎線ほかへも進出するが、ホームグランドともいえる東海道本線・伊東線の臨時特急「踊り子」「サロンエクスプレス踊り子」での活躍も多くなる。昭和60年の夏は、伊豆急行線への乗り入れも常態化した。前年の昭和59年には、夏のはじめに伊豆急行線内で臨時特急「踊り子51号」牽引中の東京機関区EF58 160号機が故障により立ち往生するトラブルが発生、その後の夏の間、同社線に入線する臨時「踊り子」の仕業にはEF65（1000番台）が優先使用となって、EF58はほとんど入らなかった。それを思えば、昭和60年の夏は、嘘のような61号機大奮発である。

　一方、竜華機関区のEF58も、昭和しであった。定期仕業が減って余裕が王寺～白浜・新宮間の臨時急行「ききのくに」や臨時夜行普通「いそつ車設定増加に対応できる運びとなり、ぽう増えたのである（夏の臨時客車列年3月改正で、阪和線と紀勢本線新宮以車が全廃されたことが幾分関係している列車用の気動車もなくなったのである）。

　同年の秋口以降も、やはり61号機り子」での運用が続いていく。一方東京南鉄道管理局の14系欧風客車レス東京〉の阪和線・紀勢本線入線区のEF58 66号機が牽引を担った。

　翌年の昭和61（1986）年3月3日ヤ改正があり、この段階で竜華機EF60（500番台）に後を託し、全機が

　天王寺鉄道管理局は仕事が速やか末には竜華機関区のEF58全機の廃なお、調子は良好だったといわれる期限切れなのか、一足早く昭和60昭和61年1月には廃車となっている

　竜華機関区EF58の一党にとって臨時急行での大活躍が花道だったよ

ご意見・ご感想はこちらから

創元社webアンケート

ご意見・ご感想をぜひお寄せください。抽選でプレゼントを進呈いたします！

Sogensha,Inc.　since1892

昭和60(1985)年7月30日　9023列車：特急「サロンエクスプレス踊り子」　EF58 61〔新〕＋南シナ14系欧風客車〈サロンエクスプレス東京〉　東海道本線 大磯〜二宮

伊豆急行100系＋1000系 普通列車

185系 特急「踊り子」

昭和60(1985)年7月31日　9023列車：特急「サロンエクスプレス踊り子」　EF58 61〔新〕＋南シナ14系欧風客車〈サロンエクスプレス東京〉　伊豆急行線 伊豆高原～伊豆大川

昭和60(1985)年7月31日　駅構内留置　EF58 61〔新〕　伊豆急行線 伊豆急下田

昭和60(1985)年7月31日　駅構内入換運転　EF58 61〔新〕　伊豆急行線 伊豆急下田

昭和60(1985)年7月31日
(左) 185系 特急「踊り子」
(中) EF65 1000番台＋14系欧風客車 特急「サロンエクスプレス踊り子」
(右) 駅構内留置　EF58 61〔新〕＋南シナ14系座席車　伊豆急行線 伊豆急下田

昭和60(1985)年7月31日　9026列車：特急「踊り子58号」　EF58 61〔新〕＋南シナ14系座席車　伊豆急行線 蓮台寺～稲梓

昭和60(1985)年8月10日　9302列車：急行「お座敷きのくに」　EF58 170〔竜〕＋天リウ12系和風客車　阪和線 杉本町〜浅香

昭和60(1985)年8月10日　126列車　EF58 66〔竜〕＋天リウ12系　紀勢本線 和歌山〜和歌山操

コラム②「EF58 P形の見分け方」

　竜華機関区所属のEF58は、全機がMR管（元空気溜め引き通し管）を装備するP形であったことは、ご案内済み。ここでは、P形とそうではないものの見分け方について、簡単に説明する。

　61頁の99号機の写真には、P形であることを認識させる大きな特徴が映り込んでいる。99号機正面下部の前端ばりをよく見ていただきたい。連結器の外方、誘導握り棒付け根の内側あたりに、白いコックとそれに繋がれたホースが左右一つずつ、都合二つ見えるはず。これがMR管アングルコックであり、使用の際は、左右どちらか一方のホースを客車側のコックに連結する。すなわち、この二つの白いコックが備わっているEF58がP形である。22・23頁の36号機、74号機、96号機、142・143頁の65号機、147・148・149頁の66号機の写真などでも、はっきりとその存在を確認することが出来よう。

　ちなみに、148・149頁の122号機や150頁の172号機の写真を見ると、左側の誘導握り棒付け根の外側に、U字状にはみ出すホースと、その先端のコネクタらしきものが見える。これは、電気暖房用のジャンパ連結器（電気暖房カプラー）で、客車に暖房用電力を供給する場合、客車側のジャンパ線受にコネクタを差し込むわけである（EF58の方にも右側の誘導握り棒付け根の外側にジャンパ線受が備わる）。

　以上のことからEF58は、インバータ電気暖房装置装備車で、かつP形ならば、前端ばりがホースだらけとなってしまう次第。

　さて、紙幅があるので少々余談を。阪和線は戦前、阪和電気鉄道という私鉄であった。昭和15（1940）年に南海鉄道（現在の南海電気鉄道の先祖）に吸収合併されて同社の山手線となったのち、昭和19（1944）年に国有化という歴史である。

　で、関西の私鉄は架線柱を凝った造形とする傾向があり、阪和電気鉄道も例外ではなかった。60・61頁の写真を見れば、鉄製の架線柱が背景に映っている。その形状は国鉄らしからぬ秀麗さだ。まさに私鉄のDNAと言えよう。

113系 回送列車

103系 区間快速列車

060

昭和60(1985)年8月10日　9301列車：急行「きのくに51号」　EF58 99〔竜〕＋天リウ12系　阪和線 山中渓

昭和60(1985)年8月11日　121列車　EF58 147〔竜〕＋天リウ12系　紀勢本線 白浜〜朝来

昭和60(1985)年8月12日　121列車　EF58 170〔竜〕＋天リウ12系　紀勢本線 稲原〜和佐

昭和60(1985)年8月12日　126列車　EF58 170〔竜〕＋天リウ12系　紀勢本線 湯浅〜紀伊由良

昭和60(1985)年8月13日　121列車　EF58 99〔竜〕＋天リウ12系　紀勢本線 南部～岩代

昭和60(1985)年8月13日　9301列車：急行「きのくに51号」　EF58 139〔竜〕＋天リウ12系　紀勢本線 岩代〜切目

昭和60(1985)年8月13日　8102列車：急行「きのくに54号」　EF58 44〔竜〕＋天リウ12系　紀勢本線 切目〜岩代

資料③-1　EF58 伊豆急行線入線記録①（昭和58年6月30日～昭和58年8月7日）

[昭和58年]

運行日			
6月30日	EF58 61〔東〕＋14系6両	乗務員訓練：品川⇒伊豆急下田⇒伊東⇒伊豆急下田⇒伊豆高原	
7月1日	EF58 61〔東〕＋14系6両	乗務員訓練：伊豆高原⇒南伊東⇒伊豆急下田⇒伊東⇒伊豆急下田⇒品川	
7月4日	EF58 61〔東〕＋14系6両	乗務員訓練：品川⇒伊豆急下田⇒伊東⇒伊豆急下田⇒伊豆高原	
7月5日	EF58 61〔東〕＋14系6両	乗務員訓練：伊豆高原⇒南伊東⇒伊豆急下田⇒伊東⇒伊豆急下田⇒品川	
7月6日	EF58 68〔東〕＋14系6両	乗務員訓練：品川⇒伊豆急下田⇒伊東⇒伊豆急下田⇒伊豆高原	
7月7日	EF58 68〔東〕＋14系6両	乗務員訓練：伊豆高原⇒南伊東⇒伊豆急下田⇒伊東⇒伊豆急下田⇒品川	
7月11日	EF58 61〔東〕＋14系6両	乗務員訓練：品川⇒伊豆急下田⇒伊東⇒伊豆急下田⇒伊豆高原	
7月12日	EF58 61〔東〕＋14系6両	乗務員訓練：伊豆高原⇒南伊東⇒伊豆急下田⇒伊東⇒伊豆急下田⇒品川	
7月13日	EF58 14〔東〕＋14系6両	乗務員訓練：品川⇒伊豆急下田⇒伊東⇒伊豆急下田⇒伊豆高原	
7月14日	EF58 14〔東〕＋14系6両	乗務員訓練：伊豆高原⇒南伊東⇒伊豆急下田⇒伊東⇒伊豆急下田⇒品川	
7月23日	EF58 88〔東〕＋14系8両	特急「踊り子」：東京⇔伊豆急下田	
7月24日	EF58 68〔東〕＋14系8両	特急「踊り子」：東京⇔伊豆急下田	
7月25日	EF58 61〔東〕＋14系8両	特急「踊り子」：東京⇔伊豆急下田	
7月26日	EF58 61〔東〕＋14系8両	特急「踊り子」：東京⇔伊豆急下田	
7月27日	EF58 12〔東〕＋14系8両	特急「踊り子」：東京⇔伊豆急下田	
7月28日	EF58 148〔東〕＋14系8両	特急「踊り子」：東京⇔伊豆急下田	
7月29日	EF58 12〔東〕＋14系8両	特急「踊り子」：東京⇔伊豆急下田	
7月30日	EF58 61〔東〕＋14系8両	特急「踊り子」：東京⇔伊豆急下田	
7月31日	EF58 148〔東〕＋14系8両	特急「踊り子」：東京⇔伊豆急下田	
8月1日	EF58 61〔東〕＋14系8両	特急「踊り子」：東京⇔伊豆急下田	
8月2日	EF58 68〔東〕＋14系8両	特急「踊り子」：東京⇔伊豆急下田	
8月3日	EF58 61〔東〕＋14系8両	特急「踊り子」：東京⇔伊豆急下田	
8月4日	EF58 61〔東〕＋14系8両	特急「踊り子」：東京⇔伊豆急下田	
8月5日	EF58 14〔東〕＋14系8両	特急「踊り子」：東京⇔伊豆急下田	
8月6日	EF58 61〔東〕＋14系8両	特急「踊り子」：東京⇔伊豆急下田	
8月7日	EF58 61〔東〕＋14系8両	特急「踊り子」：東京⇔伊豆急下田	

伊豆急行100系 普通列車

昭和60(1985)年8月14日　9023列車：特急「サロンエクスプレス踊り子」　EF58 61〔新〕＋南シナ14系欧風客車〈サロンエクスプレス東京〉　伊豆急行線 片瀬白田〜伊豆稲取

EF65 1000番台＋南シナ14系欧風客車 特急「サロンエクスプレス踊り子」

伊豆急行100系 普通列車

伊豆急行2100系 普通列車

185系 特急「踊り子」

昭和60(1985)年8月14日　9026列車：特急「踊り子58号」　EF58 61〔新〕＋南シナ14系座席車　伊豆急行線 伊豆稲取～片瀬白田

昭和60(1985)年8月15日　9023列車：特急「サロンエクスプレス踊り子」　EF58 61〔新〕＋南シナ14系欧風客車〈サロンエクスプレス東京〉　伊東線 来宮～伊豆多賀

昭和60(1985)年8月16日　9023列車：特急「サロンエクスプレス踊り子」　EF58 61〔新〕＋南シナ14系欧風客車〈サロンエクスプレス東京〉　東海道本線 早川〜根府川

資料③-2　EF58 伊豆急行線入線記録②（昭和58年8月8日〜昭和59年1月24日）

[昭和58年]

運行日		
8月8日	EF58 68〔東〕＋スロ81系和6両	特急「お座敷踊り子」：東京⇔伊豆急下田
8月9日	EF58 129〔東〕＋スロ81系和6両	特急「お座敷踊り子」：東京⇔伊豆急下田
8月10日	EF58 148〔東〕＋スロ81系和6両	特急「お座敷踊り子」：東京⇔伊豆急下田
8月11日	EF58 14〔東〕＋スロ81系和6両	特急「お座敷踊り子」：東京⇔伊豆急下田
8月12日	EF58 68〔東〕＋スロ81系和6両	特急「お座敷踊り子」：東京⇔伊豆急下田
8月13日	EF58 61〔東〕＋スロ81系和6両	特急「お座敷踊り子」：東京⇔伊豆急下田
8月14日	EF58 61〔東〕＋スロ81系和6両	特急「お座敷踊り子」：東京⇔伊豆急下田
8月15日	EF58 88〔東〕＋スロ81系和6両	特急「お座敷踊り子」：東京⇔伊豆急下田
8月23日	EF58 61〔東〕＋14系欧5両	団体：東京⇔伊豆急下田
9月29日	EF58 12〔東〕＋14系欧5両	回送：品川⇒伊豆急下田、団体：伊豆急下田⇒品川
10月15日	EF58 68〔東〕＋14系欧7両	特急「サロンエクスプレス踊り子」：東京⇔伊豆急下田
10月16日	EF58 88〔東〕＋14系欧7両	特急「サロンエクスプレス踊り子」：東京⇔伊豆急下田
10月27日	EF58 61〔東〕＋12系6両	団体：高崎⇒伊豆稲取⇒蓮台寺⇒伊豆高原
10月28日	EF58 61〔東〕＋12系6両	団体：伊豆高原⇒高崎
10月31日	EF58 61〔東〕＋12系6両	団体：高崎⇒伊豆稲取⇒蓮台寺⇒伊豆高原
11月1日	EF58 61〔東〕＋12系6両	団体：伊豆高原⇒高崎
11月5日	EF58 61〔東〕＋14系欧7両	団体：東京⇒伊豆急下田、回送：伊豆急下田⇒伊豆高原
11月6日	EF58 61〔東〕＋14系欧7両	回送：伊豆高原⇒東京
11月7日	EF58 61〔東〕＋14系欧7両	団体：東京⇒伊豆急下田
11月8日	EF58 61〔東〕＋14系欧7両	団体：伊豆急下田⇒東京
12月16日	EF58 61〔東〕＋14系欧7両	団体：品川⇒伊豆急下田
12月17日	EF58 61〔東〕＋14系欧7両	団体：伊豆急下田⇒東京
12月19日	EF58 88〔東〕＋14系欧7両	団体：宇都宮⇒伊豆急下田、回送：伊豆急下田⇒品川

[昭和59年]

運行日		
1月20日	EF58 12〔東〕＋14系欧7両	団体：品川⇒伊豆急下田
1月21日	EF58 12〔東〕＋14系欧7両	団体：伊豆急下田⇒東京
1月24日	EF58 124〔東〕＋14系欧7両	団体：東京⇒伊豆急下田、回送：伊豆急下田⇒東京

※団体列車の運転区間は客車側ベース。なお、出発地側の回送運転区間を省略している場合あり

伊豆急行1000系＋100系 普通列車

昭和60(1985)年9月14日　9025列車：特急「踊り子59号」　EF58 61〔新〕＋南シナ14系座席車　伊東線 来宮～伊豆多賀

資料③-3　EF58 伊豆急行線入線記録③（昭和59年1月26日〜昭和59年7月2日）

[昭和59年]

運行日		
1月26日	EF58 68〔東〕＋14系欧7両	団体：品川⇒伊豆急下田、回送：伊豆急下田⇒品川
2月6日	EF58 93〔東〕＋12系和6両	団体：後閑⇒伊豆急下田
2月7日	EF58 93〔東〕＋12系和6両	団体：伊豆急下田⇒後閑
2月9日	EF58 126〔宮〕＋12系和6両	回送：品川⇒伊豆急下田、団体：伊豆急下田⇒名古屋
2月12日	EF58 61〔東〕＋12系6両	団体：古河⇒伊豆急下田、回送：伊豆急下田⇒品川
2月13日	EF58 61〔東〕＋14系欧7両	回送：東京⇒伊豆高原
2月14日	EF58 61〔東〕＋14系欧7両	回送：伊豆高原⇒品川
2月17日	EF58 93〔東〕＋14系欧7両	団体：品川⇒伊豆急下田
2月18日	EF58 93〔東〕＋14系欧7両	団体：伊豆急下田⇒東京
2月25日	EF58 61〔東〕＋14系欧7両	団体：横浜羽沢⇒伊豆急下田
2月26日	EF58 61〔東〕＋14系欧7両	団体：伊豆急下田⇒横浜羽沢
2月27日	EF58 61〔東〕＋14系6両	回送：品川⇒伊豆急下田、団体：伊豆急下田⇒宇都宮
3月7日	EF58 93〔東〕＋12系和6両	回送：品川⇒伊豆急下田、団体：伊豆急下田⇒白河
3月28日	EF58 160〔東〕＋14系欧7両	特急「サロンエクスプレス踊り子」：東京⇔伊豆急下田
4月2日	EF58 61〔東〕＋14系欧7両	団体：品川⇔伊豆急下田
4月13日	EF58 61〔東〕＋スロ81系和6両	回送：品川⇒伊豆急下田、団体：伊豆急下田⇒川崎
4月30日	EF58 61〔東〕＋14系8両	特急「踊り子」：東京⇔伊豆急下田
5月3日	EF58 93〔東〕＋14系8両	特急「踊り子」：東京⇔伊豆急下田
5月8日	EF58 61〔東〕＋14系欧7両	団体：品川⇒伊豆急下田
5月9日	EF58 61〔東〕＋14系欧7両	団体：伊豆急下田⇒東京
5月10日	EF58 61〔東〕＋14系欧7両	団体：品川⇒伊豆急下田、回送：伊豆急下田⇒品川
6月20日	EF58 93〔東〕＋12系6両	団体：黒磯⇒伊豆急下田
6月21日	EF58 93〔東〕＋12系6両	団体：伊豆急下田⇒黒磯
6月30日	EF58 160〔東〕＋14系欧7両	団体：東京⇒伊東、回送：伊東⇒伊豆高原
7月1日	EF58 160〔東〕＋14系欧7両	団体：伊豆高原⇒東京
7月2日	EF58 160〔東〕＋14系欧7両	団体：品川⇒伊豆急下田、回送：伊豆急下田⇒品川

※団体列車の運転区間は客車側ベース。なお、出発地側の回送運転区間を省略している場合あり

伊豆急行1000系＋100系 普通列車

昭和60(1985)年9月14日　回9524列車　EF58 61〔新〕＋南シナ14系座席車　伊東線 伊豆多賀〜来宮

昭和60(1985)年9月15日　9516列車　EF58 141〔田〕+南シナ スロ81系和風客車　東北本線 久喜〜白岡

昭和60(1985)年9月19日　回9322列車　EF58 61〔新〕＋南シナ スロ81系和風客車　東海道本線 大森〜大井町

昭和60(1985)年9月21日　9025列車：特急「踊り子59号」　EF58 61〔新〕＋南シナ14系座席車　東海道本線 保土ケ谷～東戸塚

昭和60(1985)年9月28日　9513列車　EF58 141〔田〕＋14系座席車　武蔵野線 西国分寺

昭和60(1985)年10月5日　9522列車(千代田号)　EF58 61〔新〕＋南シナ14系欧風客車〈サロンエクスプレス東京〉　東海道本線 大森〜大井町

昭和60(1985)年10月6日　9523列車(いもほり号)　EF58 89〔田〕＋14系座席車　東北本線 東大宮〜蓮田

昭和60(1985)年10月6日　9524列車(いもほり号)　EF58 89〔田〕＋EF58 122〔田〕＋14系座席車　東北本線 矢板～片岡

昭和60(1985)年10月12日　回9501列車　EF58 61〔新〕＋南シナ14系欧風客車〈サロンエクスプレス東京〉　東海道本線 根府川～真鶴

EF62 荷物列車

昭和60(1985)年10月12日　9502列車　EF58 61〔新〕＋南シナ14系欧風客車〈サロンエクスプレス東京〉　東海道本線 真鶴〜根府川

昭和60(1985)年10月25日　駅構内展示留置
EF58 150〔吹〕　東海道本線 大阪

昭和60(1985)年10月25日　9126列車　EF58 66〔竜〕＋南シナ14系欧風客車〈サロンエクスプレス東京〉　阪和線 山中渓〜紀伊

EF65 貨物列車

昭和60(1985)年10月26日　9025列車：特急「踊り子59号」　EF58 61〔新〕＋南シナ14系座席車　東海道本線 根府川～真鶴

EF65 1000番台 貨物列車

昭和60(1985)年10月27日　9512列車　EF58 141〔田〕＋静ヌマ12系和風客車〈いこい〉　東北本線 久喜〜白岡

EF60＋ED60 貨物列車

昭和60(1985)年11月2日　8102列車：急行「きのくに54号」　EF58 147〔竜〕＋天リウ12系・マニ50（緩急車代用）　阪和線 和泉鳥取～山中渓

昭和60(1985)年11月2日　9118列車　EF58 139〔竜〕＋大ミハ14系欧風客車〈サロンカーなにわ〉　紀勢本線 紀三井寺～黒江

昭和60(1985)年11月10日　9023列車：特急「踊り子61号」　EF58 61〔新〕＋南シナ14系座席車　東海道本線 大森〜蒲田

昭和60（1985）年11月13日　回9721列車　EF58 122(田) ＋南シナ　スロ81系和風客車　横須賀線 北鎌倉～鎌倉

昭和60(1985)年11月13日　9722列車　EF58 122〔田〕＋南シナ スロ81系和風客車　横須賀線 鎌倉〜北鎌倉

昭和60(1985)年11月17日　9023列車：特急「踊り子61号」　EF58 61〔新〕＋南シナ14系座席車　東海道本線 大井町〜大森

昭和60(1985)年11月24日　9023列車：特急「踊り子61号」　EF58 61〔新〕＋南シナ14系座席車　東海道本線 大森

昭和60(1985)年12月1日　9526列車　EF58 122〔田〕+北オク20系　東北本線 東大宮操車場

昭和60(1985)年12月1日　単9565列車　EF58 89〔田〕＋EF58 141〔田〕　東北本線 東大宮操車場

昭和60(1985)年12月1日　単9512列車　EF58 61〔新〕　東北本線 東大宮操車場

115系 普通列車

小田急電鉄3000形SSE車 急行「あさぎり」

昭和61(1986)年3月29日　9643列車(YTC ミステリー号)　EF58 61〔新〕＋EF58 89〔田〕＋南シナ12系和風客車〈江戸〉　御殿場線 谷峨〜駿河小山

昭和61(1986)年3月29日　9445列車(YTC ミステリー号)　EF58 61〔新〕＋EF58 89〔田〕＋南シナ12系和風客車〈江戸〉　東海道本線 弁天島〜新居町

昭和61(1986)年3月29日　駅構内留置
EF58 61〔新〕＋EF58 89〔田〕　東海道本線 名古屋

昭和61(1986)年3月30日　単9446列車　EF58 89〔田〕＋EF58 61〔新〕　東海道本線 高塚

昭和61(1986)年3月30日　9326列車(YTCミステリー号)　EF58 89〔田〕+EF58 61〔新〕+南シナ12系和風客車〈江戸〉　東海道本線 金谷～島田

EF62 荷物列車

昭和61(1986)年4月5日　9027列車：特急「踊り子59号」　EF58 61〔新〕＋南シナ14系座席車　東海道本線 根府川〜真鶴

48

北・南・西 昭和60年10月25日(金曜日)

区所名	施行日	仕業番号	逗子	品川	新宿	上野	尾久	大宮操	大大宮操	東大宮	小山	宇都宮	黒磯	形式
田端(宇都宮)	11/14	臨A57					(8506)　8507	9547　回9548　推回9598　推回9583 ㊣ 　　回9533　9534　8506	9515 (9515)			㊧		EF58
田端(宇都宮)	11/12	臨A52		9547 白岡~小山 回送　(8508)　回9721 ㊣　9722				9525 (9525)						EF58
田端(宇都宮)	11/18	臨A57					(8506)　8507	8103　(8112)㊣				㊧		EF58

9313　品川発前20分
9515　品川発前20分
(EF58-89号)

回9721　品川発前20分
9722　逗子~大船　回送

資料④ 『東京北南西鉄道管理局報(乙)号外』写し

113系 普通列車

◀98頁写真の回9721列車、99頁写真の9722列車運転に関する
　通達(動力車運用)掲載の写し

112

昭和61(1986)年4月5日　回9526列車　EF58 61〔新〕＋南シナ14系座席車　伊東線 来宮

伊豆急行100系 普通列車

185系 特急「踊り子」

伊豆急行100系 普通列車

167系 快速列車

昭和61(1986)年4月12日　9027列車：特急「踊り子59号」　EF58 61〔新〕＋南シナ14系座席車　伊東線 伊豆多賀

昭和61(1986)年4月12日　回9526列車　EF58 61〔新〕＋南シナ14系座席車　伊東線 伊豆多賀

昭和61(1986)年４月24日　9548列車　EF58 89〔田〕＋12系　東北本線 間々田〜野木

キハ40形 普通列車（烏山線直通）

EF65 1000番台 貨物列車

118

昭和61(1986)年5月8日　9102列車　EF58 89〔田〕＋高タカ12系和風客車〈やすらぎ〉　東北本線 宝積寺〜岡本

昭和60年10月25日(金曜日) 225

区所名	施行日	仕業番号	新鶴見 品川 田町 新宿 上野 赤羽 大宮 小山
小山(機)	11/12.19	臨B120	11:04 ─── 9542 ─── 13:04 便電 便 573 M ㊋ 11/12 9542 小山〜白岡 回送
小山(機)	11/13	臨B120	便 526 M 便 電 7:21 7:51 9525 ㊋
小山(機)	11/14.15	臨B120	便 536 M ㊋ (8742) 便電 12:20 11:45 便 571 M

資料⑤ 『東京北鉄道管理局報(乙)号外』写し

115系 普通列車

◀99頁写真の9722列車が新宿以北で変じる9525列車運転に関する
通達(動力車乗務員運用)掲載の写し

昭和61(1986)年5月18日　9632列車　EF58 89〔田〕＋北オク14系座席車　両毛線 栃木〜大平下

東京北鉄道管理局報(乙)　号外　昭和60年10月25日（金曜日）

通　達

○東京北管通達第1388号
　　季節及び臨時列車運転
　計画番号　第684号
　事　由　11月分創価臨　団体旅客輸送

1　輸送計画
　　　輸送計画及び客車運用　電3123
　　　運転計画　電3142
　　　機関車運用　電3214
　　　電車運用　電3413
　　　客車検掃　電3253

輸送番	団体名	人員	所要車	行　程	記事
水創臨9〜2 1〜2	創価学会	810	ハフ12 (4両)	平 8444 品 6311 富 8342 品 8441 平 11/1〜2　　2　　3　　3 川　　　宮　　　川	
創臨103 1〜2	〃	481	ハフ6 (2両)	喜9244 郡9128 黒6102 大6602 品6311 富 多 11/3　3〜4　4　4　4　士 方　　山　　磯　　宮　　川　　宮 富6312 品6501 大6101 郡9239 喜 士　　5　　5　　5　　5　多 宮　　川　　宮　　山　　方	弁当積込 ㊞ 白河
創臨204	〃	480	ハフ8 (4両)	新8738 品8343 富6312 品8503 大8701 水9711 新 11/4〜5　5　6　6　6　6 潟　　川　　宮　　川　　宮　　上　　潟	

閲覧印	1	2	3	4	5	6	7	8	9	10	11	12	13	14	15
	16	17	18	19	20	21	22	23	24	25	26	27	28	29	30

資料⑥　『東京北鉄道管理局報(乙)号外』写し

115系 普通列車

◀資料⑤(120頁)の通達を掲載した局報号外の表紙頁写し

昭和61(1986)年5月31日　9632列車　EF58 89〔田〕＋北オク12系和風客車　両毛線 国定〜伊勢崎

昭和61(1986)年6月4日　駅構内留置　EF58 89〔田〕＋北オク12系　横須賀線 逗子

113系 普通列車

コラム③「個性あるEF58の額」

　言わずもがなだが、EF58は個体差の大きいことでも知られる。最も目立つ前面、すなわち顔立ちにおいて、個体差を生じさせる要因は、前面窓の種類（原型大窓、原型小窓、黒Hゴム小窓、白Hゴム小窓）、つらら切りの有無、つらら切り取付角度（上向き、水平、下向き）、デフロスターの有無といった項目があげられようが、加えて運転室屋根の造形の違いという要素もある。22頁右下の74号機、96号機と158頁左上の125号機の写真を見比べればおわかりかと思うが、車体前端部分（前面窓の上、前照灯の左右、人間の顔でいえば額に相当する部分）の屋根における前後方向のカーブが、前者のように角張り気味のものと、後者に見られる緩く丸みをおびているものの二通りが存在した。

　これはメーカー別による差異で、日立製作所、三菱電機・新三菱重工業の製造機（1～31号機は改装機）が角張り派、東京芝浦電気、川崎車輛・川崎重工業、東洋電機製造・汽車製造（汽車会社）、日本車輌・富士電機製造の製造機（1～31号機は改装機）が、おおむね丸み派となる。後者では川崎車輛・川崎重工業製の"丸み"がとくに際立っていた。

　その違いをお楽しみいただく一助として、140頁に「メーカー別製造機一覧」を用意してある。

昭和61(1986)年6月4日　9724列車　EF58 89〔田〕+北オク12系　横須賀線 逗子〜鎌倉

昭和61(1986)年6月14日　9027列車：特急「踊り子59号」　EF58 61〔新〕＋南シナ14系座席車　東海道本線 東神奈川〜横浜

昭和61(1986)年7月12日　9027列車：特急「踊り子59号」　EF58 61〔新〕＋南シナ14系座席車　東海道本線 大森～蒲田

昭和61(1986)年8月26日　9734列車(EF上越号)　EF58 89〔田〕＋EF58 61〔新〕＋高タカ12系　上越線 越後中里～土樽

昭和61(1986)年8月26日　9734列車(EF上越号)　EF58 89〔田〕＋EF58 61〔新〕＋高タカ12系　上越線 津久田

昭和61(1986)年8月27日　9731列車(EF上越号)　EF58 61〔新〕＋EF58 89〔田〕＋高タカ12系　上越線 土樽

昭和61(1986)年8月27日　9734列車(EF上越号)　EF58 89〔田〕＋EF58 61〔新〕＋高タカ12系　上越線 湯檜曽〜水上

EF64 1000番台＋EF64 1000番台 貨物列車

昭和61(1986)年8月29日　9731列車(EF上越号)　EF58 61〔新〕＋EF58 89〔田〕＋高タカ12系　上越線 土合〜土樽

昭和61(1986)年9月13日　回9621列車　EF58 61〔新〕＋南シナ14系欧風客車〈サロンエクスプレス東京〉　東海道本線 品川

113系 普通列車

昭和61(1986)年9月14日　回9621列車　EF58 61〔新〕＋南シナ14系欧風客車〈サロンエクスプレス東京〉　横須賀線 鎌倉〜逗子

昭和61(1986)年9月14日　駅構内入換運転　EF58 61〔新〕　横須賀線 逗子

昭和61(1986)年9月14日　9042列車：特急「サロンエクスプレスそよかぜ」　EF58 61〔新〕＋南シナ14系欧風客車〈サロンエクスプレス東京〉　高崎線 北本～桶川

昭和61(1986)年9月15日　回9621列車　EF58 61〔新〕＋南シナ14系欧風客車〈サロンエクスプレス東京〉　東海道本線 新子安

昭和61(1986)年9月15日　9042列車：特急「サロンエクスプレスそよかぜ」　EF58 61〔新〕＋南シナ14系欧風客車〈サロンエクスプレス東京〉　高崎線 岡部～深谷

資料⑦

●旧車体EF58（1号機～31号機）メーカー別製造機一覧

日立製作所	1　2　3　4　5　28　29　30
東芝車輛	6　7　14　15　16　17　18　19　20　31
三菱電機・三菱重工業	8　9　10　11　12　13
川崎車輛・川崎重工業	21　22　23　24　25　26　27

●旧車体EF58（1号機～31号機）メーカー別第二次改装工事（新車体載せ替え）施工機一覧

日立製作所	2　3　5　9　11　14　19　22　26　28　29　30
東京芝浦電気	1　4　6　7　10　15　17　20　27　31
三菱電機・新三菱重工業	8　18
川崎車輛・川崎重工業	12　13　16　21　23　24　25

●新車体EF58（35号機～175号機）メーカー別製造機一覧

日立製作所	45　46　47　48　49　50　51　52　53　61　73　74　75　76　88　89　90　102　103　104　105　120　121　122　123　134　135　136　137　138　139　140　141　142　143　144　145
東京芝浦電気	35　36　37　38　41　42　43　44　54　55　56　57　58　59　60　62　77　78　79　80　81　91　92　93　106　107　108　109　117　118　124　146　147　148　149　150　151　152　153　154　155　156　173
三菱電機・新三菱重工業	84　85　96　97　112　113　157　158　159　160　175
川崎車輛・川崎重工業	63　64　65　69　70　71　72　82　83　94　95　99　100　110　111　119　125　126　161　162　163　164　165　166
東洋電機製造・汽車製造（汽車会社）	39　40　66　67　68　86　87　98　101　114　127　129　130　167　168　169　170　171　174
日本車輛・富士電機製造	115　116　128　131　132　133　172

211系 普通列車

昭和61(1986)年9月23日　9311列車(ジパング倶楽部一周年記念号)　EF58 61〔新〕＋南シナ12系和風客車〈江戸〉　高崎線 北鴻巣～吹上

昭和61(1986)年9月23日　停車場構内留置　EF58 65（廃車済→関東鉄道学園教材）　東北本線 東大宮操車場

EF66 貨物列車

EF65 1000番台＋12系和風客車〈江戸〉臨時列車

EF65 貨物列車

昭和61(1986)年9月27日　回9443列車　EF58 61〔新〕＋南シナ14系欧風客車〈サロンエクスプレス東京〉　東海道本線 金谷〜菊川

昭和61(1986)年9月27日　9104列車(汐留駅さよなら列車)　EF58 61(新)＋南シナ14系欧風客車〈サロンエクスプレス東京〉　東海道本線 菊川〜金谷

昭和61(1986)年10月10日　機関区構内展示　EF58 66(廃車済)　高崎第二機関区(撮影会)

(左) EF55 1

(右) EF30 17

昭和61(1986)年10月10日　機関区構内展示　EF58 66(廃車済)　EF58 122〔田〕　高崎第二機関区(撮影会)

昭和61(1986)年10月10日　機関区構内展示　EF58 93(廃車済)　高崎第二機関区(撮影会)
(左側は) EF65 501　EF60 501

昭和61(1986)年10月10日　機関区構内展示
EF58 172(廃車済)　高崎第二機関区(撮影会)

昭和61(1986)年10月10日　機関区構内展示　EF58 93(廃車済)　高崎第二機関区(撮影会)

昭和61(1986)年10月10日　9713列車　EF58 61〔新〕＋南シナ12系和風客車〈江戸〉　上越線 津久田～岩本

昭和61(1986)年10月10日　回9724列車　EF58 61〔新〕＋南シナ12系和風客車〈江戸〉　上越線 津久田～敷島

昭和61年3月改正後のEF58の動向

昭和61（1986）年3月3日のダイヤ改正では、関西の竜華機関区でEF58が全滅し、以降、残るは田端機関区改め田端運転所の89号機、122号機、141号機と新鶴見機関区の61号機といった関東勢4両のみ。新年度がはじまる4月1日時点で、車籍を有するEF58も、この4両だけとなった。

改正後は、89号機の東海道方面への進出が目立つようになり、伊豆急下田や名古屋にも、その姿を現す。また、両毛線にも入った。一方、同僚の122号機と141号機は、そろそろのようである。改正直前の冬、品川客車区のスロ81系を牽いて上越線にも入線した141号機は、ほとんど動かずで、結局、6月30日付で廃車。122号機も、4月26日に東北本線で臨時列車を牽引した後は、まったく運用されなくなった。

EF58の稼働機は、ついに61号機と89号機の2両だけと化したが、昭和61年の8月には、その両機が重連を組んで、上越線の高崎〜石打間を走るイベント列車も運転される。

61号機は、この昭和61年も春から夏にかけて、臨時特急「踊り子」をよく牽引していたが、9月に入ると新たなる特急仕業への充当を果たす。従前はEF65（1000番台）が担当していた臨時特急「サロンエクスプレスそよかぜ」（逗子〜軽井沢間列車）の逗子〜高崎間牽引である。両数的には、まさしく末期状態なのだが、老いてもなお次から次へと特急列車を牽くあたり、EF58の血統の良さがうかがい知れる。

10月には、高崎第二機関区で恒例の機関車撮影会が催される。電気機関車を中心にさまざまな形式が集結した大盤振る舞いのイベントなのだが、今回はEF58も4両を揃えた。田端運転所の122号機と、す

でに廃車処分済みの66号機、93号機、172号機の面々である。

93号機は車体色を青大将塗色に復刻しており、一番人目を引く存在であった。ただし、この93号機、現役時代に青大将塗色を纏ったことはない。

関西からはるばるやって来た元竜華機関区の66号機は、昭和28（1953）年に東洋電機製造・汽車製造（汽車会社）で落成し、最初の配属は東京機関区だったから、関東へは、まあ、里帰りといえる（66号機は昭和40〔1965〕年に下関運転所、昭和49〔1974〕年に竜華機関区と流れていく）。

来場者のなかでも目ざとい御仁が見逃さなかったのは、122号機の運転室部分の屋根上に新たに設置の「統一列車無線」アンテナであった。

従来、国鉄の在来線で導入の列車無線といえば、取手以南の常磐線における「常磐線列車無線」と首都圏のATC区間で用いられた「ATC無線」、それから車両に固定ではない携帯型の「乗務員無線」ぐらいのもの。よって、全国レベルでの統一的な列車無線は存在していなかった。（「乗務員無線」はCTC区間などで多用。乗務員同士または乗務員とその乗務列車が停車中である駅の係員との交信が当初の機能だが、CTC区間に限っては、乗務員と列車指令との交信も駅近辺の区間で可能となった）。ちなみに、「常磐線列車無線」は、その導入時に田端操〜三河島〜隅田川間に定期的に入線していた高崎第二機関区のEF58にも10両ほど搭載され、当該機は運転室屋根上のアンテナが目立っていた（16頁の135号機の写真参照）。

閑話休題、話を戻す。国鉄では来る昭和61（1986）年11月1日の全国ダイヤ改正時に、全国規模で新た

なる「統一列車無線」を導入する計画であった。これは列車指令と乗務員間の交信機能に加え、事故時の列車防護機能も併せ持つもの。ゆえに、貨物列車は「列車掛」乗務を省略したワンマン運転が可能となる（「列車掛」とは、貨物列車において列車防護の役目を担う「車掌」の業務と、貨車の簡易な検査業務を兼務する乗務員の職名）。結果、翌昭和62（1987）年4月1日に予定の国鉄民営分割化以降、貨物会社は人件費抑制により、なんとかやっていけるという算段であり、実に政治的な筋書きという次第。

もう、おわかりのように、「統一列車無線」アンテナを装備するということは、11月改正後も稼働する車両の証。廃車前提の休車かと思われた122号機は、どっこい生き残るわけであった。さらに、この改正における列車ダイヤと運用車両は、民営化後の各社に、ほぼそのまま継承の予定。で、あるならば……。

ダイヤ改正直前の10月29日、122号機は静岡運転所に転属となった。おそらくは、民営化後の東海会社のイベント機とするべく、静岡鉄道管理局が画策した結果であろう。

昭和32（1957）年4月に日立製作所で落成の122号機は、最初、沼津機関区に配属、翌年には東京機関区へ転属し、以降、ブルートレイン塗色となって特急「あさかぜ」などを牽く。そして、昭和51（1976）年3月、大宮工場でEG化改造のうえ、宇都宮運転所に転属という経歴である。東海道本線は、同機にとってまさに古巣なのであった。

昭和61(1986)年10月12日　回9623列車　EF58 61〔新〕＋南シナ12系和風客車〈江戸〉　東海道本線 根府川〜真鶴

EF62 荷物列車

EF66 貨物列車

EF66 特急「はやぶさ」

EF66 特急「あさかぜ4号」

EF66 特急「富士」

EF66 特急「みずほ」

EF65 貨物列車

EF66 特急「さくら」

昭和61(1986)年10月12日　9622列車　EF58 61〔新〕＋南シナ12系和風客車〈江戸〉　東海道本線 湯河原～真鶴

昭和61(1986)年10月12日
工場構内展示　EF58 125(廃車済)
大宮工場(撮影会)

昭和61(1986)年10月12日　工場構内体験運転　EF58 93(廃車済)
大宮工場(撮影会)

(奥２台目から) DD13　ED16　キハ391系ガスタービン試験用気動車　ED16　EF15

昭和61(1986)年10月12日　工場構内展示　EF58 125(廃車済)　大宮工場(撮影会)

昭和61(1986)年10月23日　回9544列車(気動車回送)　EF58 89〔田〕＋北オク マニ36・四カマ キハ185系(富士重工業宇都宮製作所製造分：国鉄車籍入籍済)　東北本線 宇都宮

昭和61(1986)年10月26日　9102列車　EF58 89〔田〕＋水ミト スロ81系和風客車〈ふれあい〉　東北本線 宝積寺～岡本

EF65 1000番台 貨物列車

昭和61(1986)年11月8日　9115列車　EF58 61〔田〕＋南シナ12系和風客車〈江戸〉　東北本線 栗橋〜古河

EF66 貨物列車

EF66 特急「富士」

昭和61(1986)年11月11日　9320列車　EF58 122〔静〕＋静ヌマ14系座席車　東海道本線 三島〜函南

昭和61(1986)年11月16日　9023列車：特急「踊り子95号」　EF58 61〔田〕＋南シナ14系座席車　東海道本線 蒲田～川崎

昭和61(1986)年11月23日　9345列車　EF58 89〔田〕＋水ミト スロ81系和風客車〈ふれあい〉　東海道本線 由比〜興津

昭和61(1986)年11月24日　回9443列車　EF58 89〔田〕＋水ミト スロ81系和風客車〈ふれあい〉　東海道本線 東田子の浦～吉原

昭和61(1986)年11月24日　9334列車　EF58 89〔田〕＋水ミト スロ81系和風客車〈ふれあい〉　東海道本線 吉原～東田子の浦

昭和61(1986)年12月30日　9027列車：特急「踊り子99号」　EF58 61〔田〕＋南シナ14系座席車　東海道本線 早川〜根府川

昭和62(1987)年1月1日　9027列車：特急「踊り子99号」　EF58 61〔田〕＋南シナ14系座席車　東海道本線 根府川〜真鶴

昭和62（1987）年1月2日　駅構内入換運転　EF58 61〔田〕　東海道本線 東京

昭和62(1987)年1月2日　9027列車：特急「踊り子99号」　EF58 61〔田〕＋南シナ14系座席車　東海道本線 東京

昭和62(1987)年1月9日　9944列車(成田臨)　EF58 122〔静〕＋静ヌマ14系座席車　東海道本線 真鶴

117系 快速列車

113系 普通列車

211系 快速列車

EF65 貨物列車

昭和62(1987)年1月17日　回8411列車　EF58 122〔静〕＋名ナコ12系和風客車　東海道本線 三河大塚～三河三谷

昭和61年11月改正後のEF58の動向

昭和61（1986）年11月1日の全国ダイヤ改正では、61号機が書類上、新鶴見機関区から田端運転所に転属する。翌年4月1日に控える国鉄民営分割化の際、新鶴見機関区が貨物会社帰属となるゆえの措置であった。"書類上"と記すのは、改正後も61号機は、東京運転区常駐ゆえにである（東京運転区は、東京機関区と品川客車区を統合して生まれた現業機関）。一方、従前から田端運転所配置の89号機は、文字通り同所に常駐となる。61号機も89号機も、運転室屋根上の「統一列車無線」アンテナが目を引いた。

さて、静岡運転所で虎の子の122号機だが、改正後の11月11日から12日にかけ、静岡鉄道管理局絡みの団体列車を牽引して品川まで往復、健在ぶりを示したものの、以後、年内はまったく運用されなかった。

かたや、かつての同僚89号機は、このころ静岡方面へもよく顔を出している。昭和61年3月に運用を開始した品川客車区の12系和風客車〈江戸〉と交代する格好で、水戸鉄道管理局水戸客貨車区（のちの水戸運転所）に転じ、同区の和風客車〈ふれあい〉となったスロ81系（旧シナ座）を牽いてである。

11月の改正では、国鉄における荷物車使用の小荷物輸送が、ブルートレイン便と房総方面の新聞夕刊輸送を除き全廃となる（その少し前、9月末には郵便車を用いた国鉄利用の郵便輸送も廃止）。結果、荷物列車も消滅して、下関運転所のEF62は全機が運用離脱。このため、スロ81系が東海道方面に出る場合、EG装備の89号機にお呼びがかかるという次第。

昭和61年の暮れから昭和62（1987）年初頭にかけては、61号機がもっぱら臨時特急「踊り子」の牽引に精を出していたが、122号機も年が明けると、途端

に動きが活発化する。静岡鉄道管理局管内駅の募集団体による成田臨の牽引ほかで品川往復はもとより、名古屋方面へも遠征、静岡を中心に東奔西走の活躍ぶりであった。3月24日には、なんと大阪まで足を運んでいる。

"大阪"といえば、61号機も2月20日から22日にかけて、東京運転区の12系和風客車〈江戸〉と14系欧風客車〈サロンエクスプレス東京〉の併結13両編成を牽き、はるばる来阪した。巷では、EF58 150号機復活に絡んでの、大阪鉄道管理局管内の運転現場所属機関士に対する、最終的な訓練を兼ねた運用ではなかったかと噂された。

その150号機は、昭和61（1986）年3月31日付で廃車となったが（最終配置先は吹田機関区）、現車は大阪機関区宮原派出所（昭和61年10月末までは宮原機関区）にて保管。それが昭和62年に入ると、2月10日に鷹取工場へ入場、全般検査を行い、「統一列車無線」も取り付けて、車体塗色も「ぶどう色2号」となる。3月6日には車籍を復帰して書類上、梅小路運転区に配置（吹田機関区が4月1日以降、JR貨物の帰属となるため）。実際は大阪機関区宮原派出所常駐の体制で、3月16日、宮原操〜向日町操間で本線試運転を実施、見事に復活を果たすのだった。

そして3月中は、東海道・山陽本線の京都〜姫路間で、旧型客車および往年の展望車マイテ49で編成のイベント列車を数回にわたり牽引した。

民営分割化後のJR西日本の目玉となるべく蘇った150号機は昭和33（1958）年3月に東京芝浦電気で落成、宮原機関区に配置され、以降、昭和60年3月に書類上の転属はあったものの、同区を離れることはな

く、まさに生粋の浪速っ子といえる存在である。

なお、61号機も昭和28（1953）年7月に日立製作所で落成し、東京機関区に配置以来、途中一度だけ阪和線におけるお召列車牽引のため竜華機関区貸渡の記録はあるが、それ以外は、書類上の転属を無視すると動じずで、こちらもまさしく生粋の江戸っ子にほかならない。

61号機、150号機とは対照的なのが89号機。昭和31（1956）年8月に日立製作所で落成、東京機関区配置となるも、すぐに宮原機関区へ転属。昭和36（1961）年12月に東京機関区に戻り、その後、一時的に高崎第二機関区配置、また東京機関区に戻って、以降も高崎第二機関区や宇都宮運転所への貸渡が頻繁に行われ、昭和45（1970）年10月に宇都宮運転所に転属して、ようやく腰を落ち着かせる。実に流浪の半生である。

まあ、それはともかく、国鉄最後の日、昭和62（1987）年3月31日の話に入る。

この日、まず122号機が午前中、団体臨時列車を牽き東海道本線を、ブルートレインに前後を挟まれながら上って東京へ。一方、61号機は、やはり団体臨時列車を牽いて名古屋を目指し、日中、東海道本線を下っていった。同機は名古屋での滞泊中に、JRグループ誕生の4月1日を迎える。

89号機は上野駅13時30分発「旅立ちJR北海道号」を牽引、東北本線を北上し黒磯へ向かった。当日、150号機は動かずで、EF58における国鉄時代最後のご奉公は、午前中に東海道本線を上ってきた122号機の折り返し、名古屋までの仕業となる。それは、東京駅23時00分発「旅立ちJR東海号」の牽引であった。

同機は、湘南を駆け抜けている最中に、午前零時を迎えた。

昭和62(1987)年1月18日　回9444列車　EF58 122〔静〕＋長ナノ12系　東海道本線 掛川〜菊川

昭和62(1987)年1月24日　駅構内入換運転　EF58 122〔静〕　東海道本線 沼津

昭和62(1987)年1月24日　回9441列車　EF58 122〔静〕＋静ヌマ・名ナコ14系座席車　身延線 竪堀

昭和62(1987)年1月24日　9320列車　EF58 122〔静〕＋静ヌマ・名ナコ14系座席車　身延線 入山瀬〜竪堀

昭和62(1987)年2月22日　8104列車　EF58 61〔田〕＋南シナ14系欧風客車〈サロンエクスプレス東京〉・12系和風客車〈江戸〉　東海道本線 高槻〜山崎

昭和62(1987)年3月21日　回9444列車　EF58 150〔梅〕＋大ミハ マイテ49・旧型客車　東海道本線 高槻～山崎

昭和62(1987)年3月24日　9441列車　EF58 122〔静〕＋静ヌマ12系和風客車〈いこい〉　東海道本線 山崎〜高槻

昭和62(1987)年3月31日《国鉄最後の日》 9320列車 EF58 122〔静〕+静ヌマ12系和風客車〈いこい〉 東海道本線 興津〜由比

昭和62(1987)年3月31日《国鉄最後の日》 8411列車(YTCツアー) EF58 61〔田〕+南シナ12系和風客車〈江戸〉 東海道本線 島田〜金谷

余録　その後のEF58～JR時代の動向

　昭和62（1987）年4月1日の国鉄解体に伴うJRグループの発足、この荒波を乗り越え、EF58は4両が新会社に継承された。

　JR東日本には田端運転所の61号機と89号機、JR東海には静岡運転所の122号機、JR西日本には梅小路運転区の150号機が、である。61号機の常駐先は、東京運転区から品川運転所に名が変わった。

　各機とも、イベント列車の牽引には引っ張りだこで、悪く言えば"客寄せパンダ"といった趣である。ただ、89号機に関しては、冬期に機関車からの暖房用電気供給が必要な水戸運転所のスロ81系和風客車〈ふれあい〉牽引という、実務面で欠かせない役割が与えられていた。

　そんなJR時代のEF58に、まさかの仲間がもう1両加わる。昭和59（1984）年3月末の運用離脱以降、浜松機関区に留置されていた157号機である。

　同機は昭和60（1985）年9月30日付で廃車となる（最終配置先は下関運転所）。が、その後も解体を免れ、昭和62年4月1日以降は国鉄清算事業団の備品として、旧浜松機関区の設備にて保管。それをJR東海が同公団より購入、昭和63（1988）年3月31日に車籍を復帰させて静岡運転所に配置のうえ、浜松工場で全般検査を施行する。同年4月30日には無事に出場（車体色は122号機と同じ「青15号」に前面下部が「クリーム色1号」の標準塗色）、東海道本線高塚～静岡間で試運転を行い、問題なしで5月14日から15日にかけ、同本線の静岡～岐阜間において初仕業をこなした。

　この157号機は、昭和33（1958）年2月に三菱電機・新三菱重工業で落成後、昭和59年2月1日の下関運転所転属までの間、ずっと浜松機関区に籍を置く。まさに東海道の主といえる存在だ。それにしても、JR東海が国鉄清算事業団から、わざわざ老朽機を購入するとは驚きである。当時のEF58人気の凄まじさが、よくわかる。

　さて、JR時代のEF58の運用範囲だが、イベント機という性格も幾分作用してか、従来未開の線区にも、その姿を現していく。会社別に見ていこう。

　まずはJR東日本。第一に昭和63年の正月から始まった61号機、89号機の常磐線馬橋以北我孫子までと、それに続く成田線我孫子～成田間への入線があげられよう。成田臨（成田山初詣の団体臨時列車）牽引によるもので、従来は佐倉機関区のディーゼル機DD51が、成田線は電化区間ながらもそれを担ってきたが、JR化後は同区がJR貨物帰属となったことや、機関車の運用効率向上などの施策が絡み、晴れて成田線に電気機関車が入線を果たす（EF58の他、EF65、EF64、EF81なども入線）。

　国鉄時代は労組との関係もあり、線区ごとの運用機関車がかなり限定的だったが、JRでは何でもあり、といった感じだ。この年始めのEF58成田臨牽引は、同列車の電車化推進までの数年間、毎年恒例の行事として注目された。昭和63（1988）年10月には、イベント列車牽引で61号機と89号機が青梅線の青梅まで足跡を刻んだことも特筆に値する。

　御代が替わっても、従前無縁の区間への進出傾向は続く。平成8（1996）年11月の89号機における信越本線軽井沢～長野間運行や、平成9（1997）年11月に実現した61号機の中央本線岡谷～辰野～塩尻間運行などがある。後者では、車両整備の関係で、篠ノ井線塩尻～松本間にも夜間、61号機は入線する。

　長野県への侵攻は、JR東海の122号機と157号機も負けてはいない。平成元（1989）年11月に始まった飯田線全線での運用は、EF58一族にとってはまさに革命的な出来事だったといえよう（従前は豊川以南のみに入線）。

昭和63（1988）年4月3日　9201列車　EF58 150〔梅〕＋本ミハ14系欧風客車〈サロンカーなにわ〉
山陽本線 熊山～万富

飯田線は、豊川鉄道、鳳来寺鉄道、三信鉄道、伊那電気鉄道といった四つの私鉄を、戦時中に国が買収したものである。したがって線路の規格が低く、飯田以北では特にそれが顕著で厳しい軸重制限がかかる。結果、同線に運用の電気機関車は、古くはED18やED19などの舶来中型機、近年は、軸重の制約をクリアーしたED62に限られた（ED62は4動軸のD型機ながら1従軸の空気バネ中間台車を備え、軸重を最低13tまで調整可能）。

JR化後の飯田線では、豊川～元善光寺間に貨物列車の設定がないことから、団体臨時列車や工事列車（工臨）の牽引は、豊橋～飯田間がJR東海・静岡運転所のDE10（ディーゼル機）、飯田～辰野間がJR貨物・篠ノ井機関区（JR東海・伊那松島運輸区常駐）のED62が担ってきた。これを経費削減と効率化の狙いから、全線、JR東海の自社電気機関車で通す方針がたてられる（JR貨物機は使用料が発生するため）。

ただ、軸重の関係から、手持ちのEF65やEF64は入線できない。そこで、白羽の矢が立ったのがEF58であった。

EF58は「２Ｃ＋Ｃ２」という軸配置で、車軸が全部で10もある。よって、車重が分散され、1軸あたりにかかる重み（軸重）はEF65やEF64に比べ、はるかに軽い。飯田線での、場違いともいえるEF58の運用が決まったわけは、これである。

新天地飯田線で122号機と157号機は、12系欧風客車「ユーロライナー」や12系和風客車「いこい」他、そしてイベント用旧型客車、果てはレール輸送用の貨車（工臨）に高速軌道検測車（マヤ検）などなど、さまざまな列車牽引に大活躍となる。春から秋にかけての土曜・休日に、定番的に運転の豊橋～中部天竜間（回送で水窪まで往復）の「トロッコファミリー号」や、ときたま運転の天竜峡～伊那松島間の「飯田トロッコ号」の牽引も、見慣れた光景と化していった。

昭和63(1988)年11月11日　9107列車（日立オリエント・エクスプレス'88）　EF58 122〔静〕＋東シナ オニ23・"オリエント急行" NIOE客車（LX16型寝台車他）・マニ50　東海道本線　藤枝～六合

むろん、本来の職場と思しき東海道本線にも運用されたが、頻度的には飯田線の方が勝っていた。なお、122号機は、平成4（1992）年の夏の終わりに、車体塗色が「ぶどう色2号」に改められる。
　JR西日本の虎の子150号機も、EF58一族で唯一の快挙を成し遂げた。
　昭和63（1988）年4月10日に瀬戸大橋が開業、本州と四国が結ばれる。併せて、その瀬戸大橋を通る本四備讃線（愛称線名「瀬戸大橋線」の一部を構成）の営業開始に伴い、本州と四国の鉄路も繋がった（本四備讃線は茶屋町～児島間がJR西日本、児島～宇多津間がJR四国の運営）。
　瀬戸大橋開業間もないころ、本四備讃線を経由して予讃本線（昭和63年6月1日以降は予讃線）の高松および多度津まで、150号機の牽く団体臨時列車が頻繁に入線する。EF58一族の中で、本州以外の地に踏み出した経歴の持ち主は、150号機が唯一である。
　なお、本四備讃線を走る旅客列車は、原則、児島以南がJR四国の運転士（高松運転所ほか）の担当となる。開業当初、電気機関車では、主幹制御器が自動進段式のEF65（1000番台）の乗務訓練しかJR四国の運転士は行っておらず（同機は寝台特急「瀬戸」牽引で定期的に高松まで入線）、手動進段式であるEF58は、その訓練を終えるまでの間、JR貨物・岡山機関区の運転士が、岡山から通しで高松、多度津まで担当した。
　JR時代に生き残った5両のEF58のなかで、150号機は最も活動範囲が広かった。61号機がJR発足以降、名古屋以西へは入線しなかったのに対し、150号機は東京の浜松町まで来ている（平成3〔1991〕年3月運転のイベント列車「ドラマチック山口号」牽引による）。岡山電車区配置の12系欧風客車「ゆうゆうサロン岡山」を牽き、上京したこともあった（平成5〔1993〕年4月2日）。そして西方向は、もちろん下関まで行っている。
　この150号機、JR西日本発足当初は書類上、梅小路運転区の配置だったが、平成3（1991）年には常駐実態に即し、宮原客車区の配置となる（引き続き、旧・宮原機関区の設備に常駐）。その後、同区は宮原運転所→宮原総合運転所と名を変えていく。
　以上、いろいろと話題を提供してくれたJR時代のEF58ではあったが、やはり寄る年波には勝てなかったようである。まず、最初にJR東日本・田端運転所の89号機が、致命的故障から平成10（1998）年に運用を離脱。平成11（1999）年10月8日付で廃車となった。
　続くはJR東海・静岡車両区（静岡運転所改め）の122号機で、平成18（2006）年

昭和63（1988）年5月2日　9032列車：特急「サロンエクスプレスそよかぜ」　EF58 61〔田〕＋東シナ14系欧風客車〈サロンエクスプレス東京〉　横須賀線　逗子～鎌倉

5月に運用離脱、平成20（2008）年3月31日付で廃車。3番手は同僚のJR東海・静岡車両区の157号機。平成19（2007）年11月に運用離脱、122号機と同じく翌平成20年3月31日付で廃車。
　平成20年は、まさに厄年で、JR東日本・田端運転所の61号機も台車枠に亀裂が見つかり、客車等を牽引しての運行が不可能となる。そして、間もなく東京総合車両センターにて保管。だが、巻頭で記したとおり、田端運転所配置のまま車籍を有している。
　残るはJR西日本・宮原総合運転所の150号機だが、同機もこのころには、すっかり動かなくなっていた。東海道・山陽本線京阪神複々線区間の外側線（列車線）では、日中でも時速130キロ運転の「新快速」が15分間隔で走っているのだから、最高時速100キロのEF58は、それは走らせにくかろう。150号機もついに、平成23（2011）年10月31日付で廃車（車籍抹消）手続きがとられた。
　EF58一族の歴史も、これで終止符が打たれたわけである。最後に、彼らが走った路線（運用区間）の一覧図（図表⑩）をお示しして、幕を引かせていただく。

昭和63(1988)年5月15日　9440列車　EF58 157〔静〕＋海ナコ14系座席車　東海道本線 西岡崎〜岡崎

平成5(1993)年11月12日　試9962列車（マヤ検）　EF58 122〔静〕＋海ナコ マヤ34　飯田線 宮木〜伊那新町

昭和63(1988)年10月2日　9503列車　EF58 150〔梅〕＋広ヒロ14系座席車・本ミハ マイテ49　予讃線 国分

図表⑩　国鉄EF58形直流電気機関車　全運用区間一覧図

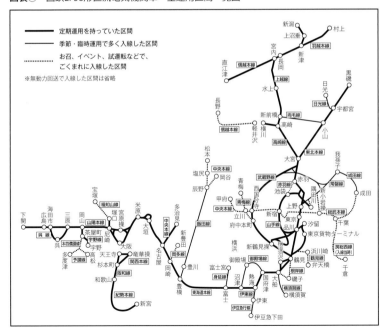

平成2(1990)年5月29日　工6590列車（工臨）　EF58 89〔田〕＋DE10 XX〔宇〕＋貨車（ホキ800）東北本線 古河〜栗橋